NTT
限界打破の
イノベーション

IOWNの正体

NTT代表取締役社長
島田明
NTT代表取締役副社長
川添雄彦

日経BP

はじめに

今、世界の電力消費が急激に増えています。これまで様々な省電力化の取り組みがなされてきたものの、その一方で近年のデジタル化の進行で処理すべきデータ量が急増し、さらに大量の情報処理を必要とする生成ＡＩ（人工知能）の登場が電力消費の増加に拍車を掛けて対応が追いついていません。例えば大規模な生成ＡＩの学習には、原発１基１時間分の発電能力に相当する電力が必要といわれます。こうした分野でいかに省電力化を進めるかは、いまや大きな社会課題です。

これまでも急速に産業を発達させてきた代償として、人類は地球に大きな負荷をかけてきました。中でも気候変動は世界中に深刻な影響を与え始めており、電力消費削減や再生可能エネルギーの活用などを通じたカーボンニュートラルの達成は急務です。大きく視野を広げると、これからの最大の課題は「地球のサステナビリティ（持続可能性）」の実現です。

一方で、デジタル化などを通じて人類の生活を一変させてきたインターネットも、実は大きな課題を抱えています。

インターネットは、私たちに多大な恩恵をもたらしました。もはや私たちの社会はインターネットなしでは成り立たないほどですが、インターネットはその仕組み上、通信品質を保証しないベストエフォート型です。こちらの情報が相手にいつ届くか、相手からの情報もこちらにいつ届くのか確定ができず、遅延もネットワークの状況によって変動します。このため、例えば瞬時の発注タイミングで売買成立が左右されるような金融取引などの基幹部分には、通信環境が安定しないベストエフォート型のインターネットを使うことはとてもできません。

こうしたインターネットの課題と、地球のサステナビリティ確保に向けた省電力化。これら2つの課題を、より豊かな社会を実現するために、同時に解決する方法があります。それが本書のテーマである「ＩＯＷＮ（アイオン）」構想です。

ＩＯＷＮ（Innovative Optical and Wireless Network）は、光ファイバーを使った高速大

容量通信を実現するために、私たちNTTが世界に先駆けて長年研究を続けてきた、「光」をベースとした技術基盤です。ネットワークからコンピューター内部まで、従来は「電気」を用いていた信号のやり取りを「光」に置き換えることで、高速大容量かつ低遅延による安定したデータ伝送を実現しながら、電力消費も劇的に削減できるのです。

私たちがIOWN構想を発表したのは2019年5月。そして20年にはNTT、米インテル、ソニー（現ソニーグループ）と共同で推進団体の「IOWN Global Forum」（IOWNグローバルフォーラム）を立ち上げました。24年9月時点で世界中から150を超える企業や団体が参加し、技術開発や仕様の策定から実証実験まで、活発に活動しています。さらに23年3月には、IOWN構想の最初のサービスとなる「APN IOWN1・0」の提供も開始し、いよいよ商用化の段階に入ったのです。

世界中に急速に広まりつつあるIOWNとは一体何なのか。本書では、それを明かしていきます。ＩＯＷＮは、その推進がＩＯＷＮグローバルフォーラムを中心になされていることからも分かる通り、ＮＴＴだけではなくみなさんと「一緒につくり上げていくもの」です。今後、新たなビジネスも続々と誕生する見通しです。

そして地球のサステナビリティ確保では、自分がやらなくても放っておいても誰かがやってくれる、良くしてくれるだろうということではなく、自らが行動していくことが非常に重要になるはずです。読者の皆様に、本書を通じてＩＯＷＮ構想へのご理解とご賛同をいただき、私たちとともにサステナブルな地球をめざすＩＯＷＮ構想の実現に向けて行動していただければ幸いです。

ＮＴＴ社長　島田明

目次

第1章

動き出した「商用IOWN」

第3章

世界のプラットフォームへの仲間づくり

第5章

データの安全保障とIOWN

終章

序章

地球のサステナビリティを支える希望の「光」

「持続可能な地球」にIOWNは欠かせない

「挑む。人と地球のために。」

これは、NTTのテレビCMのメッセージです。NTTグループ中期経営戦略「New value creation & Sustainability 2027 powered by IOWN」の基本的な考え方であり、NTTグループとしてサステナブル（持続可能）な地球、サステナブルな社会をめざして挑戦していくということを端的に示したものです。

今、社会には気候変動や生物多様性、ヘルスケアなど様々な分野で解決すべき問題が山積しています。そしてそれらの課題を解決し、サステナブルな社会を実現するためには、より多くのデータを集めて分析し最適解を見いだす「データドリブン」の手法が不可欠とされます。ところが、データ量が増加すればするほど、それらを処理するためのデータセンターの電力消費は加速度的に増えます（図表0-1）。こう

図表0-1　急増するデータセンターの電力消費

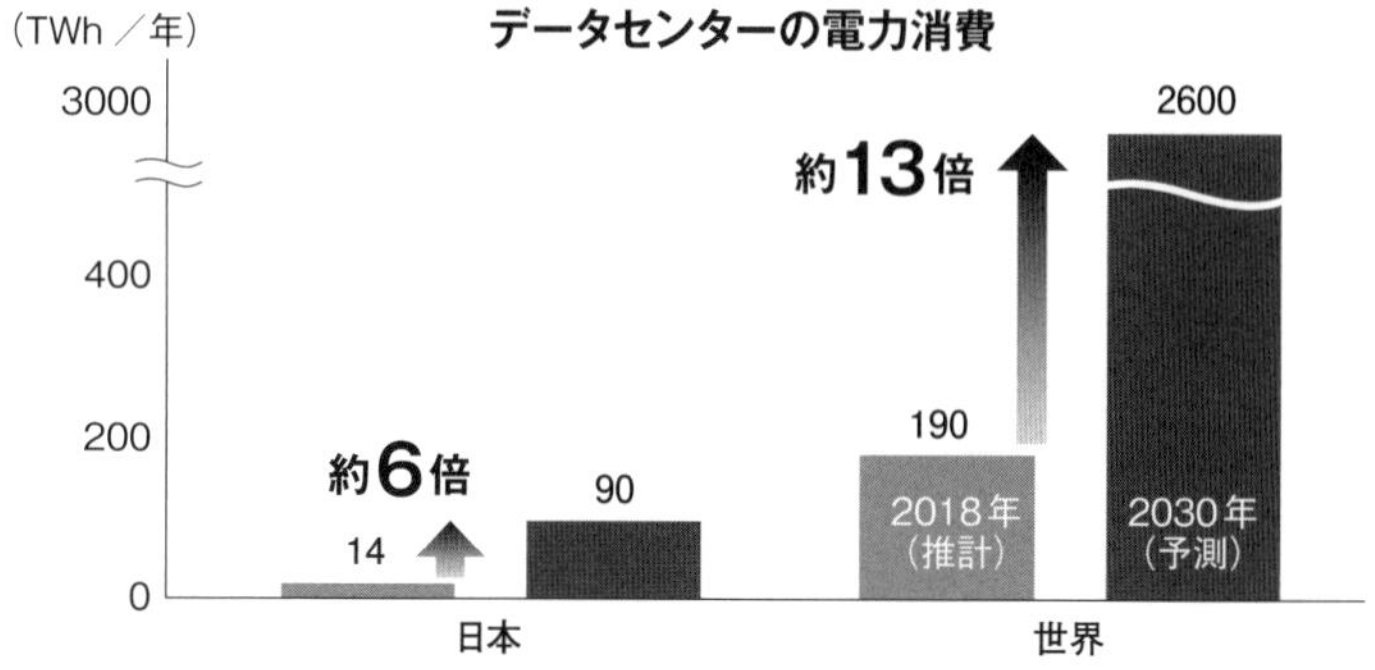

※出典：国立研究開発法人科学技術振興機構低炭素社会戦略センター

した電力消費の急激な増加が、実は、サステナブルな社会を実現するための非常に大きな阻害要因になりかねないのです。

　こうしたジレンマを解決する切り札となるのが、本書のテーマ「ＩＯＷＮ（アイオン）」構想です。先のＮＴＴグループ中期経営戦略の名称に「powered by IOWN」と入れているように、私たちは今、サステナブルな社会の実現に向けてこの構想を全力で推進しています。

圧倒的な低消費電力で サステナブルな社会の実現に貢献

ＩＯＷＮは、ＮＴＴグループが長年研究

開発を行ってきた「光」の技術をベースとした、新たなネットワークとコンピューティングの技術基盤です。従来は電気信号を用いていた通信や演算処理を、光信号に置き換えていくことで、これまでは不可能だった様々な機能を実現します。さらに、通信や演算など情報処理にかかる電力消費を、将来的には現在の100分の1程度まで抑えることを可能にします。そのカバー範囲は幅広く、国と国をつなぐような長距離のネットワークから、コンピューター内部の数ナノといった配線まですべてがＩＯＷＮの対象領域です。

こうした領域で電力消費を劇的に低減していくには、従来型の電気信号を用いた半導体技術の延長線上で工夫を続けても限界があります。ＩＯＷＮによってネットワークとコンピューティングの世界を電気から光へと抜本的に置き換えていくことこそが、今後の社会を低消費電力、サステナビリティへと導く切り札になると私たちは考えています。

データ量は今後爆発的に増加する

現在の社会が直面している状況を詳しく見ていきましょう。

まず、人類が生み出すデータ量は、近年増加の一途をたどり、今後も爆発的に増えていきます。例えば、私たちが楽しむ映像は高精細化が進んでおり、現在では一般的なスマートフォンでも、高精細の４Ｋ映像を手軽に撮影したり視聴したりできるようになっています。街中に設置される監視カメラやドライブレコーダーなど、今後あらゆる用途でさらに高精細化が進みます。解像度が16Ｋの超高精細映像は、現在のフルハイビジョン映像の約７５０倍ものデータ量です。こうした16Ｋデータをうまく扱うには、当然ネットワークや端末などにも従来の７５０倍相当のデータ処理能力の向上などが求められます。

また、メタバース（仮想空間）の普及も、データ量が増える要因の１つです。例えば、従来は２次元で実施していたオンライン会議をメタバース内の３次元空間で実施するようになれば、必要なデータ量は約30倍になるという予測もあります。さら

図表0-2　爆発的に増加するデータ量

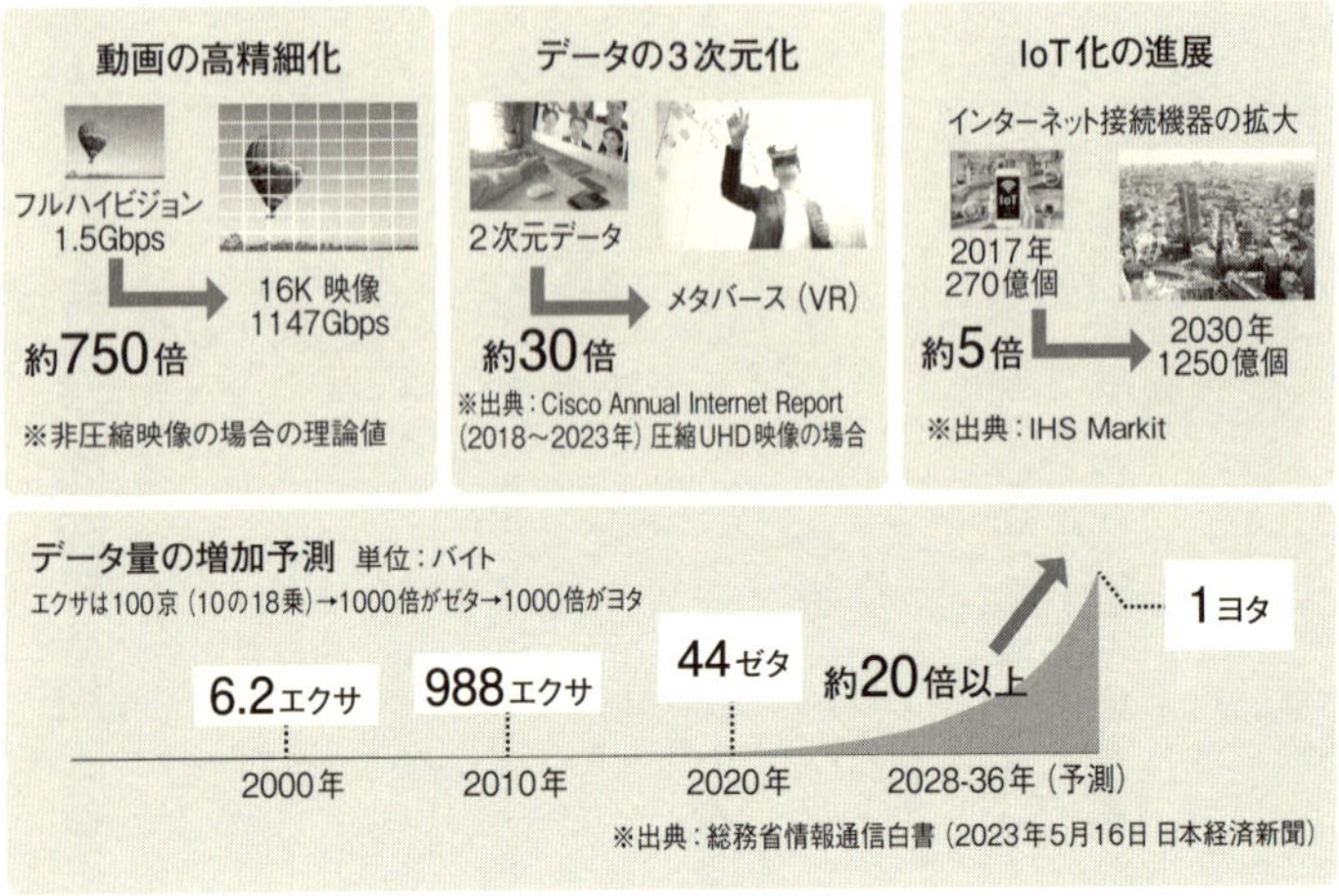

に、リアル世界のデータを収集することも重要なことで、今後急速な増加が見込まれています。あらゆるモノがネットにつながる「IoT」化はさらに加速し、身の回りのより多くのモノからデータを取得できるようになるでしょう。30年には、ネットに接続されるデバイスは17年比で約5倍の1250億個になると予測されています。それに伴い、世界のデータ流通量は28年から36年にかけて現在の20倍以上になると考えられています（図表0-2）。

データドリブンによる社会課題解決は必須

冒頭でも少し触れたように、地球の様々な社会課題に取り組んでいくためには、このようにして得られた様々なデータを重用する、データドリブンの考え方が非常に大切です。気候変動や生物多様性の保全、ヘルスケアの課題にしても、状況を管理・改善していくには詳細なデータを取得し、リアルタイムで活用することが不可欠なのです。

例えば気候変動対策であれば、どの地域でどのような変化が起こっているのか、詳細に観測することでそのメカニズムや影響範囲が見えてきます。生物多様性の回復を図るネイチャーポジティブの面では、どのような生き物がどのように暮らし、生息域は拡大しているのか減少しているのか、気候や地理条件はどのように変化しているかなどの実態を把握することが、打ち手を考える第一歩です。

地球のデータを集めるということでは、すでにＮＴＴグループは地球上のすべての陸地を標高5メートル単位の細かさで表現した世界で初めてのデジタル３Ｄ地図

「ＡＷ３Ｄ」を提供しています。これは、宇宙航空研究開発機構（ＪＡＸＡ）や世界最高性能の衛星を運用する米マクサー・テクノロジーズなどの高精細な衛星画像を用い、都市部から人が立ち入るのも難しい山岳地帯まで精密に地球の姿を明らかにするものです。サステナブルな社会をめざすには、こうしたデジタル３Ｄ地図のデータなどに基づいて地球の状態を分析し、アクションを起こしていくことが必要になるのです。

生成ＡＩの登場などで加速した電力消費増加問題

こうした膨大なデータを収集・分析し、様々な社会課題の解決につなげていくに当たっては、必要になる電力も増加します。例えば将来のＩＴ機器による電力消費について経済産業省（グリーンＩＴイニシアティブ、07年12月）は、25年の電力消費は06年比で約5倍、50年には約12倍になるという予測を出しています。

さらに近年、電力消費の増大に拍車を掛けているのが、ＡＩ（人工知能）の急速な発展です。特に生成ＡＩの核を成す大規模言語モデル（ＬＬＭ）を構築するには、膨大な計算処理が必要となります。最近の生成ＡＩには、数百億というパラメーター数を持つものがありますが、この規模の言語モデルを構築するには１３００メガワット時、つまり原発１基１時間分の発電能力（１０００メガワット時）を上回る電力が必要になるといわれています（第４章参照）。しかも大規模言語モデルは１回つくって終わりではなく、定期的に更新する必要があります。このまま行くと、私たちの社会は想像を絶するほど大量の電力を必要とするようになるのです。

こうした中で、米グーグルは24年7月に公表した年次環境報告書において、温室効果ガスの排出量が4年間で約5割増加したことを明らかにしました。独自生成ＡＩの「Ｇｅｍｉｎｉ（ジェミニ）」の展開に必要なデータセンターの拡大が大きな要因だとしています。同様の傾向は、米国のアマゾン・ドット・コムやマイクロソフトなど、同じく生成ＡＩ向けのデータセンターを展開する企業にもいえるはずです。

もし電力消費が現在の延長線上で増大していけば、いつか電力の制約によって技術革新の歩みを止めざるを得なくなるかもしれません。あるいは、その前に地球の温暖化が進み人間や生物が生きられないほど暑くなってしまうかもしれません。抜本的に低消費電力化しなければ、私たちの社会はいずれ立ち行かなくなってしまうでしょう。

問題があるからと技術革新の歩みを止めるのか

では、私たちはどうすべきなのでしょうか。電力消費を抑えるために、技術革新の速度を緩めるべきなのでしょうか。ＡＩを捨て、新たな開発を諦め、「古き良き時代」に戻るべきなのでしょうか。

そうではありません。技術革新のスピードを落とすことでは、決して問題は解決しません。地球上に70億もの人間が生活する以上、地球に大きな負荷をかけてしまうことは避けられません。しかし技術によってその負荷を減らしていくことは可能です。実際、歴史を振り返ると、人間が地球環境に与える影響は、技術革新によって改善されてきました。

例えば大気汚染を考えてみましょう。日本でも１９６０年代は、大気汚染が社会問題となっていました。40代以上の方であれば、夏は毎日のように「光化学スモッグ」の注意報が出ていたのを覚えているのではないでしょうか。しかし排ガス浄化技術の向上、石炭や石油から電気エネルギーへの移行など、いくつもの技術革新によって都市の空気は大幅に改善しています。

再生可能エネルギーの急速な普及も、技術進化の恩恵です。世界的に見ても、この10年で太陽光発電や風力発電などの再生可能エネルギーの発電コストは、劇的に低下しました。特定の地域に限れば、化石燃料由来の電力よりも安くなっているほどです。地球の限りある資源を採掘し燃やして得るエネルギーから、太陽光や風力など、より環境への負荷が少なく持続可能なエネルギーへと、急速な移行が進んでいます。

やはり、人類は進化を止めることはできません。私たちが今後選ぶべき道は技術革新を進め、そこで発生する社会課題を同時に解決することです。こうした二元論では捉えられない相反する事柄を、同時に実現していくこと、成り立たせていくこと（パラコンシステント）こそが、この時代には求められているともいえます。データが増えるから、電力が増えるから使わないということは、真のウェルビーイング

（心身の健康や幸福）ではありません。人類のウェルビーイングにはデータや電力が欠かせない。相反する事柄を両立させるために、ＩＯＷＮが切り札になり得るということなのです。

電力消費削減の切り札は「光」

ＩＯＷＮの最大の特徴は、電気信号を光信号に置き換えるということです。では、「電気を光に置き換える」ことのメリットは何でしょうか。

光化のメリットの１つは、まず光が高速であるということ。誰もが知る通り、光の速度はこの宇宙の中で最も速く、どんなものも光速を超えることはできません。そんな光の特徴を最大限に活用することで、膨大なデータを高速かつ低遅延で伝送できます。

そして光のもう１つのメリットは、前述の通り、省電力です。まず電気信号を用いて大容量のデータを伝送しようとした場合、そこでは相当な熱が発生します。これは電力の一部が熱に変わってしまい、エネルギーをロスしていることを意味します。このため、例えばサーバーやネットワーク機器などを数多く抱えるデータセンターでは、発生した大量の熱を冷却するための冷房装置にも多くの電力が必要となっているのが現状です。

一方、光信号によるデータの伝送や処理では、電気信号の場合と比べて熱はごくわずかしか発生しません。この特性を生かし、長距離のネットワークからコンピューター内部の配線まで、現在電気信号による通信が用いられている部分を順次光信号に置き換えていくことで、電力消費を大幅に引き下げることが可能になるのです。

電力効率100倍へ、進化のロードマップ

実際に電気を光に置き換えていくことで、どのような効果が期待できるのでしょうか。

遅延200分の1はすでに達成

ＩＯＷＮが具体的に掲げている現行（電気）と比べた目標は、省電力化の面では「電力効率１００倍」（消費電力１００分の１）、通信性能の面では「伝送容量１２５倍」「遅延２００分の１」です。これは光の持つ可能性を考えれば、十分達成可能な数値だと考えています。実際、このうちの遅延の目標については23年3月に商用サービスを開始した第１弾のネットワークサービス「ＡＰＮ ＩＯＷＮ１・０」ですでに達成しています（図表0-3）。

ＩＯＷＮの開発は、国と国をつなぐようなネットワークの世界から、より短距離の機器内の基盤（ボード）同士の接続、集積回路（チップ）間の接続、さらにチップ内という光半導体の世界まで、順を追って進めていきます。最初に提供を開始したＩＯＷＮ１・０は、都市間など長距離の通信経路をすべて光化して提供する専用線サービスで、ＡＰＮ（オールフォトニクス・ネットワーク）と呼んでいます（図表0-4）。

従来の光ファイバーを用いたサービスとの違いは、回線の端から端まで一貫して

図表0-3　遅延200分の1はすでに達成

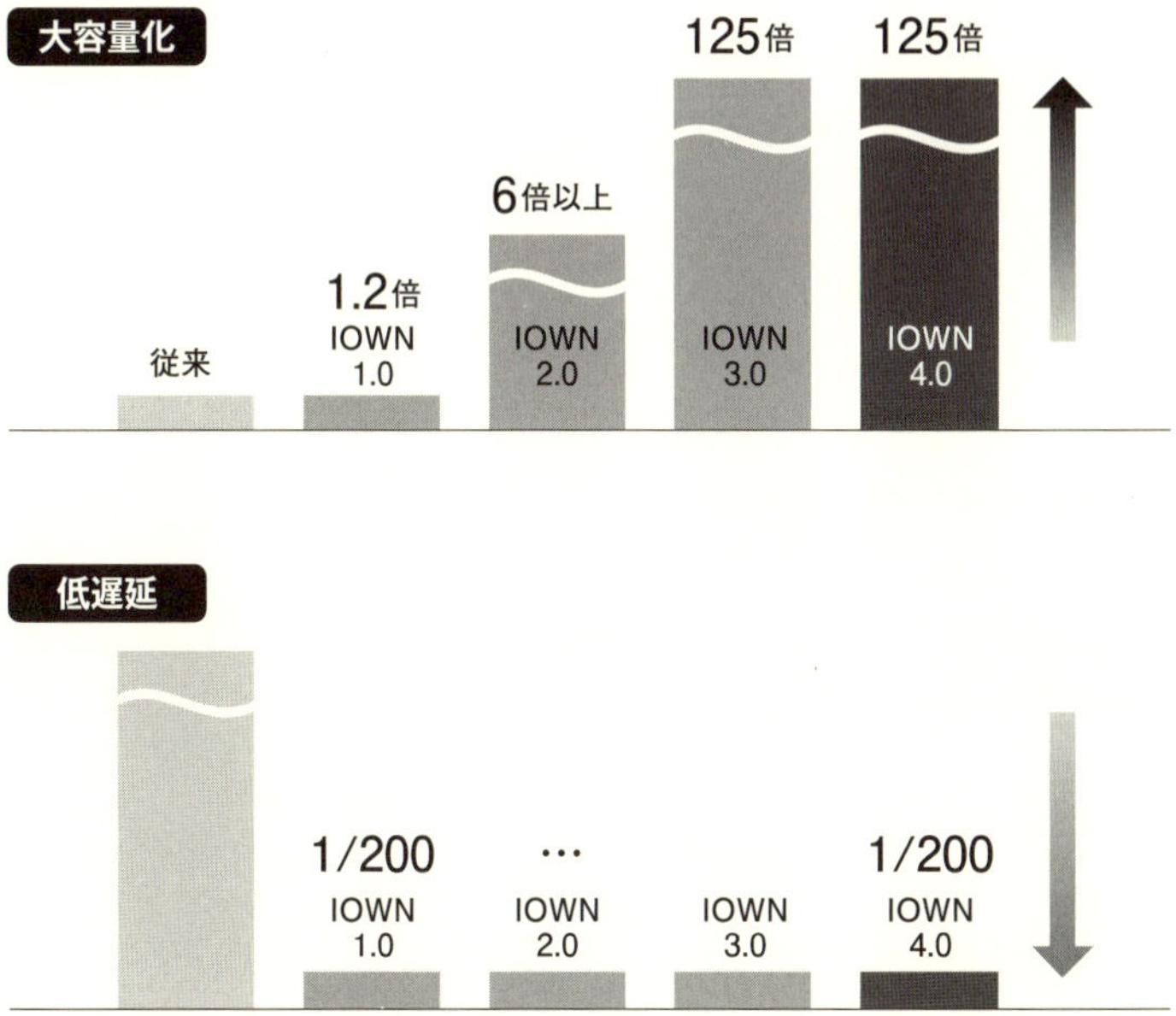

図表0-4　APN（オールフォトニクス・ネットワーク）の概念図

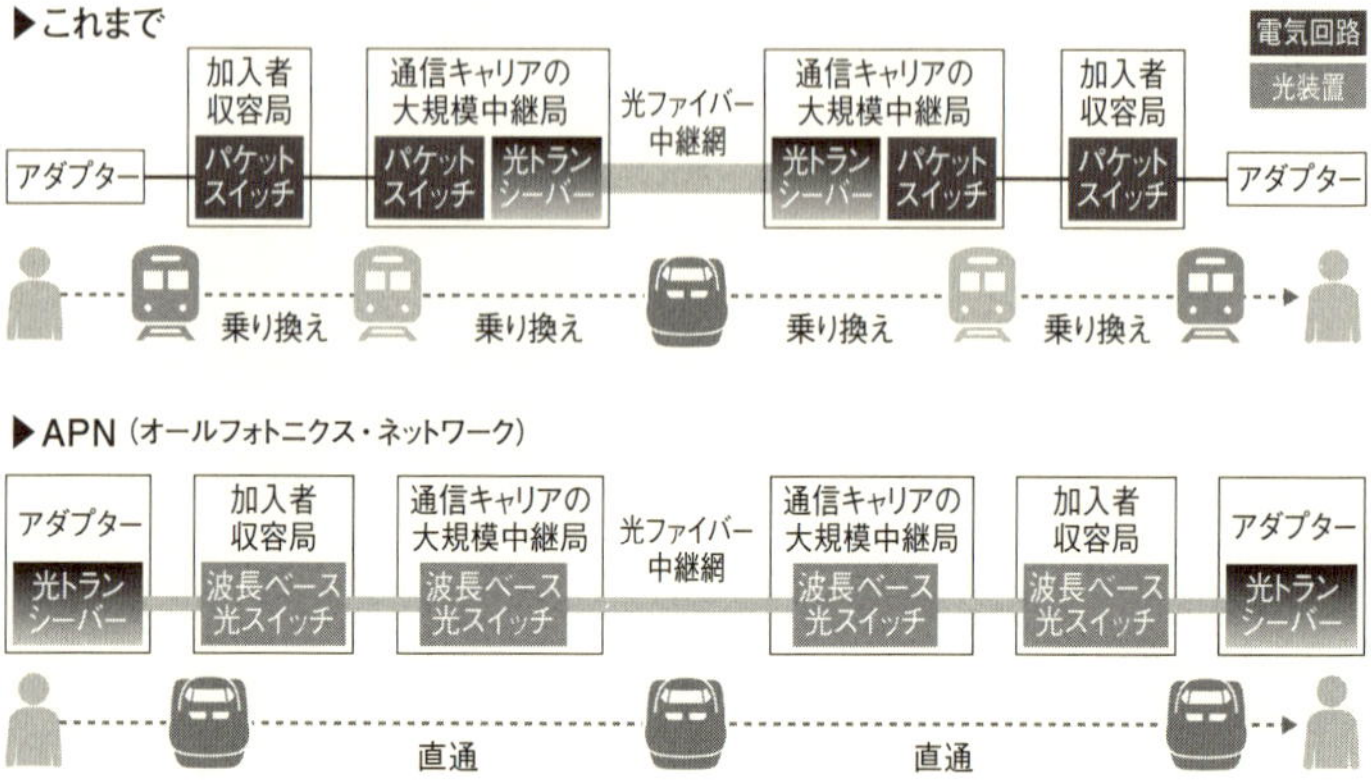

光信号で通信を行っているという点です。現在でもインターネットの回線の多くの部分は光ファイバーで結ばれています。読者の中にも、自宅に光回線を引いているという方は少なくないでしょう。しかし現在の光ファイバーサービスなどでは、経路の途中にある中継機器やスイッチなどで電気信号を光信号に変換し、伝送した後に再び電気信号に変換するという過程が含まれています。このため信号を変換するたびに電力を消費し、遅延もどうしても発生してしまいます。

一方、APNでは中継機器も含め経路のすべてで信号を光のまま扱うため、光の速度で、遅延なくデータを伝送できるのです。

大阪・関西万博のIOWN2・0でボード接続を光化

25年度には、大阪・関西万博のタイミングでIOWN2・0の商用化を発表する予定です。IOWN2・0では、APNのさらなる効率化に加えて、より短い距離の機器内の光化としてコンピューター（サーバー）内のボード同士を光で接続します。これにより電力効率は、ネットワーク部分で13倍、サーバー部分で8倍まで高まる見通しです（図表0-5）。

28年度には、さらに性能を向上したIOWN3・0を実現していきます。このフェーズではより小型対応を進めて、基板上のチップ間の通信を光に置き換えます。これにより伝送容量の大容量化は、IOWNの目標値となる最大125倍を達成できる見込みです。この時点の電力効率は、装置への適用範囲次第ですが、コンピューター部分で従来の20倍程度の向上を実現する予定です。

そして32年度以降には、チップ内の光化（光半導体）にも挑みます。これまで電気

図表0-5　25年の大阪・関西万博でIOWN2.0のボード接続光化を実現

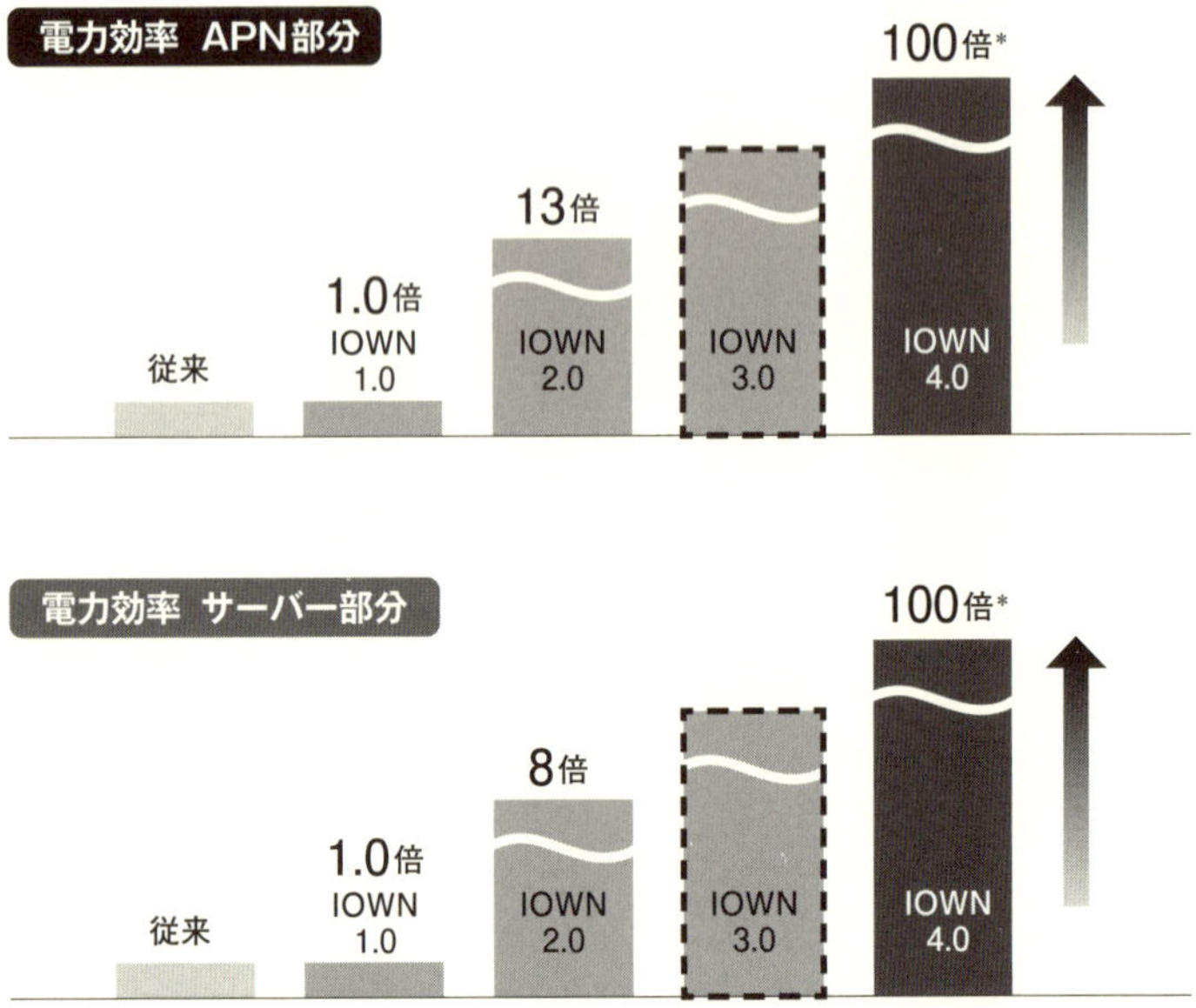

*APN, サーバー等含めたフォトニクス適用部分全体での電力効率値

図表0-6　IOWN4.0ではチップ内の光化により電力効率100倍に（APN部分、サーバー部分）

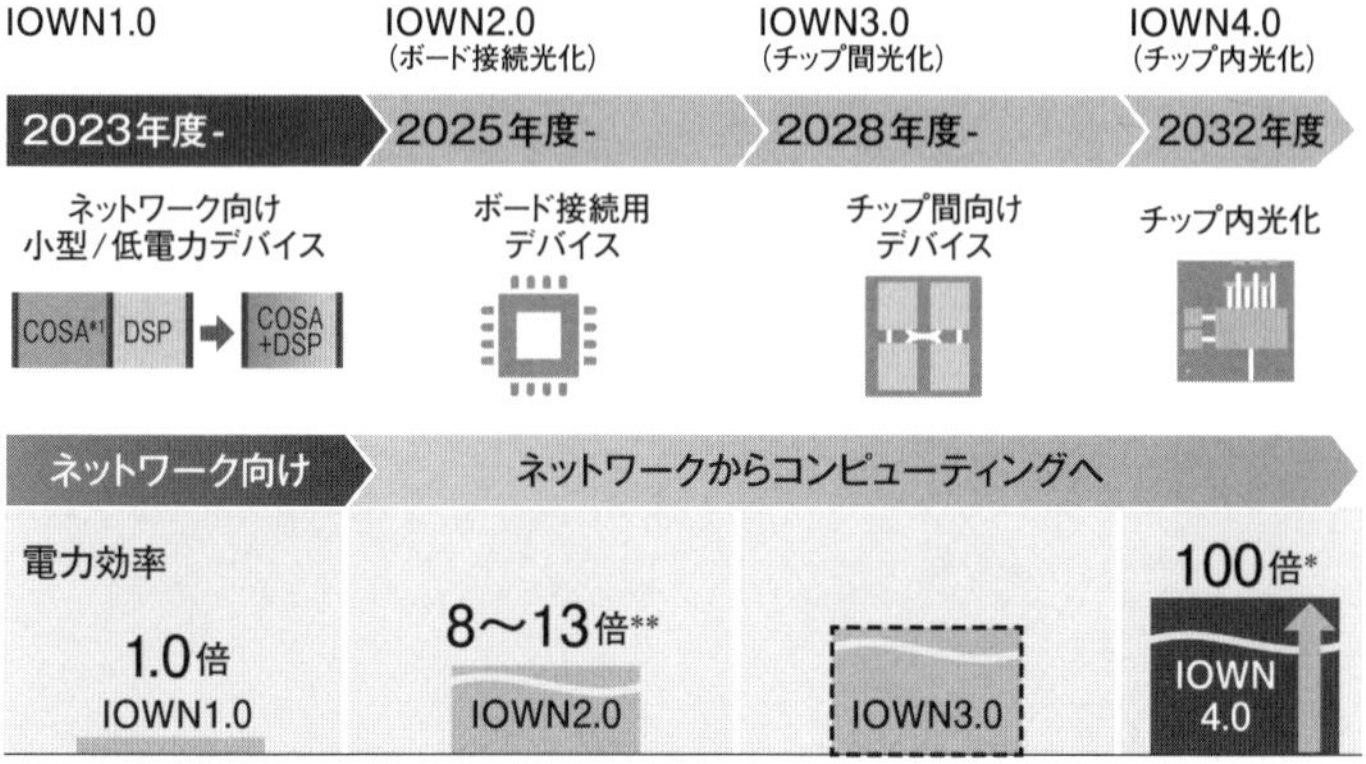

*1 Coherent Optical SubAssembly

* APN, サーバー等含めたフォトニクス適用部分全体での電力効率値　** APN, サーバ機器ごとによる

を使って行っていた演算処理を光に置き換えるというもので、これが実現できれば電力効率はＩＯＷＮが最終目標とする１００倍に達するでしょう（図表０‐６）。

コンピューターおよびネットワークの電力効率が１００倍になる。まるで夢のような話ですが、光を用いることで技術的には実現できそうだということが見えています。そして通信会社として長く光の技術を研究してきたＮＴＴグループは、その実現に向けて取り組むことが使命であると考えています。

仲間と一緒につくり上げるもの

ＮＴＴグループは長年光ファイバーをはじめとする光の技術を研究してきました。知識や経験を含めた蓄積は大きく、世界的に見てもこの分野をリードする1社であると自負しています。しかし、ＩＯＷＮは非常に幅広い分野に関わる構想で、その開発・推進はとても1社でカバーできるようなものではありません。ＮＴＴのような通信会社や、ネットワーク機器をつくるメーカー、ソフトウエアを開発する会社、半導体メーカー、そしてＩＯＷＮのサービスを利用するユーザー企業など、数多くのパートナーと協力しながら実現していくものだと考えています。多くの仲間とともに共創することで技術開発のスピードが上がり、新たなアイデアが生まれ、より早く私たちがめざすサステナブルな社会へと到達できるのです。

米国で「IOWNグローバルフォーラム」設立

そこで20年1月、NTT、米インテル、ソニー（現ソニーグループ）の3社で国際的な非営利団体「IOWN Global Forum」（IOWNグローバルフォーラム）を設立しました。日本国内だけでなく、世界中の企業や団体に参加してもらうため、本拠地は米国に構えています。

立ち上げから4年余りたち、加盟企業・団体は24年9月時点で当初の予想を大きく上回る150以上に増えました。AI分野で先頭を走る米国のマイクロソフトやエヌビディア、さらに大規模なデータセンターを運用するグーグルなども加盟し、それぞれの立場からIOWNの発展に貢献しています。

「IOWNによってゲームチェンジを起こす」という話をすると、「GAFA（米大手テック企業）とどうやって戦っていくのですか」と聞かれることがあります。恐らく質問者は、インターネットを活用して覇権を握ったこれらの企業にIOWNという新しい技術で対抗していく「インターネット vs IOWN」のような構図を頭の中に描かれているのかもしれません。しかしその構図は正確ではありません。IOWNはインターネットと共存するものであり、敵対したり、置き換えたりする技術ではないのです。むしろ、GAFAの各社はIOWNを一緒に推進する仲間になるということです。

各社は巨大なデータセンターを多数運用しており、まさに消費電力増加という課題に直面しています。ですからIOWNをどのように使えば効率を高められるのか、持続可能な社会をつくるにはどうすればいいのかを一緒に考えるパートナーになるのです。もちろん個別の競合分野では競争相手となりますが、IOWNは個人ユーザーを含め様々なステークホルダーと共同で推進していくものなのです。

圧倒的な低消費電力で、地球のサステナビリティに貢献

NTTは「人と地球の持続可能性」を実現していくことを事業の中核として、その中でIOWNを世界中のパートナーとともに推進しています。さらにNTTグループ内においては、IOWNを活用した低消費電力化の取り組みを先行して推進

しているところです。

21年9月には環境エネルギービジョン「NTT Green Innovation toward 2040」を策定し、40年度にグループのカーボンニュートラルを実現することを目標として掲げました。冒頭で触れた新中期経営戦略でもネットゼロを宣言しています。

ＮＴＴは通信会社であり、携帯電話事業やデータセンター事業など、多くの電力を消費する事業を抱えています。ＮＴＴグループは、13年末にグループ全体で年間83億キロワット時の電力を消費していました。

これは日本の電力消費量の１％弱に当たります。現在の私たちの想定では、40年度にはそれが約2倍の約１６０億キロワット時になってしまいます。そこでグループ会社のＮＴＴアノードエナジーを通じて風力発電をはじめとする再生可能エネルギーの発電拡充を進めており、すでにグループ全体で30年度に約80億キロワット時を導入するという目標達成が視野に入った段階です（図表０-７）。これにより、ＩＯＷＮやその他の省エネ効果を合わせて、40年度には電力消費量のすべてを再生可能エネルギーで賄える見通しです。

図表0-7　NTTグループ電力消費量の推移と内訳

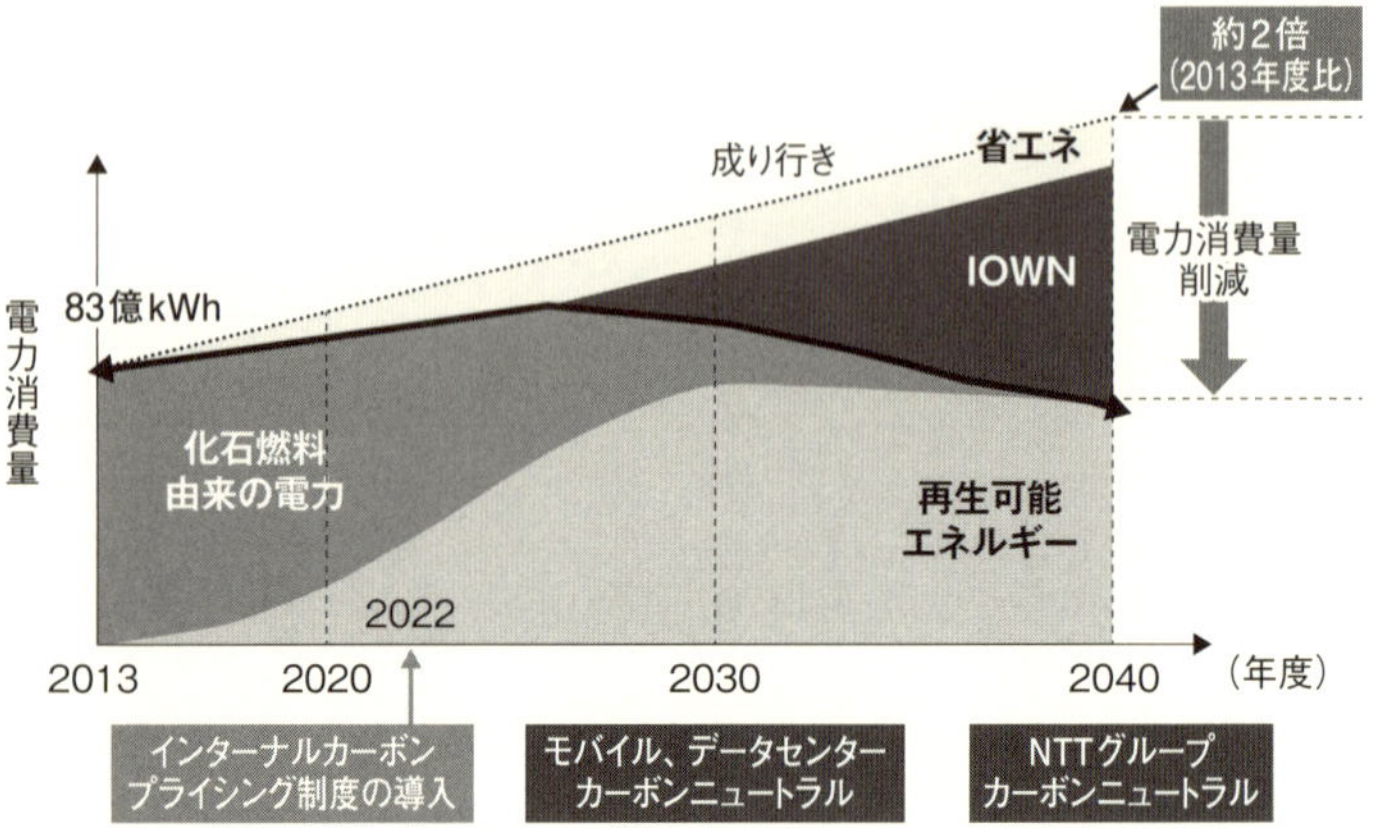

そうした中で私たちは、40年度に必要となると予想される電力消費量の55％をＩＯＷＮや他の省エネにより削減し、残りの45％には再生可能エネルギーを導入することでカーボンニュートラルを達成するという計画を立てています。それを縦軸に温室効果ガス排出量を取って図示したのが図0-8です。この図から分かる通り、ＩＯＷＮの削減効果は全体の45％。今後社会がカーボンニュートラルを達成する上で、ＩＯＷＮは欠かすことができないパズルのピースとなっています。

このことは他の多くの企業がカーボ

図表0-8　NTTグループが描くカーボンニュートラル実現への道筋

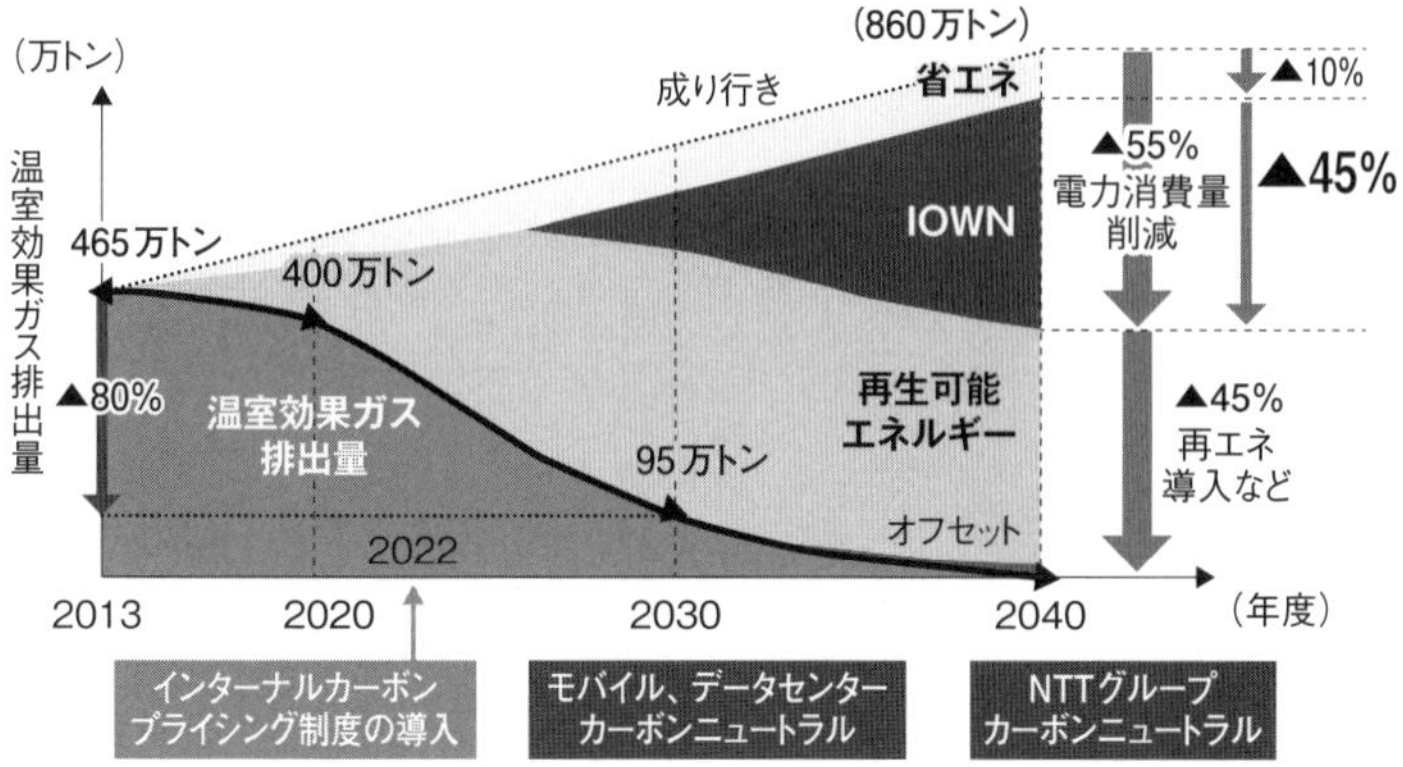

ンニュートラル実現をめざす上でも、参考になるのではないかと思います。IOWNを使えば、このような電力消費削減の効果が見込めます。IOWNはすべての企業、ユーザー、さらに言えば人類にとってサステナブルな未来をつくる「希望の〝光〟」になり得るはずです。

だからこそ、私たちはできる限り多くの仲間に賛同していただき、その開発・活用の推進に、ともに挑んでいきたいと考えているのです。

第１章

動き出した「商用ＩＯＷＮ」

広がり始めたインパクト

日米首脳会談で初めてIOWNが話題に

2024年4月、岸田文雄首相（当時）は米国ワシントンDCを公式訪問し、バイデン大統領（当時）と日米首脳会談を実施。その成果として日米共同首脳声明「未来のためのグローバル・パートナー」が発表されました。同時に公開されたファクトシートには、「IOWN（アイオン）」の話題が記されていました。その部分を抜き出すと、次の通りです。

我々は、特に次世代半導体や先端パッケージングに関する、日米の民間部門の強固な協力を歓迎する。日米企業は、アイオン（IOWN）グローバルフォーラムのようなパートナーシップを通じ、光半導体を通じて得られる幅広い可能性を模索している。

ＩＯＷＮはＮＴＴグループや日本国内だけにとどまらず、地球の未来のためにグローバルで協力して推進すべき構想であると考えて、私たちが当初から世界中の企業を巻き込みながら活動を進めてきたものです。その意味で、日米両政府が公式文書で「IOWN Global Forum」（ＩＯＷＮグローバルフォーラム）や光半導体の可能性に言及し、日米で協力して進めることを歓迎した点は、大きな意義があります。これは、ＩＯＷＮがすでに多くの企業のビジネスに影響する重要な技術分野の１つとして動き出していることを実感させられる出来事でもありました。

商用サービスがいよいよ開始

序章でも触れたように、ＮＴＴは23年3月にＩＯＷＮ構想における初の商用サービス「ＡＰＮ ＩＯＷＮ１・０」の提供を開始しました。19年5月にＩＯＷＮ構想を発表してから約４年。いよいよ「商用ＩＯＷＮ」が現実になった瞬間です。ＡＰＮ

（オールフォトニクス・ネットワーク）は、経路上のすべての区間で光信号を用いて通信を行う新たな通信ネットワークです。ユーザーが区間内で使用する光波長を専有して通信する形態を取るため、ネットワークの混雑状況に左右されず、大量のデータを安定して送受信できます。例えるなら自分専用の高速道路を引くようなもので、お正月や大型連休でも渋滞に悩まされることはありません。

さらに回線のすべての区間で光信号と電気信号の変換が発生しないため、遅延が非常に少ないことも特徴です。従来型の光ファイバーネットワークでは、経路の途中で光と電気の変換が必要となり、変換による遅延がどうしても発生します。しかしAPNはネットワーク経路のすべてを光でつなぐため、従来型と比べて200分の1という超低遅延を実現できます。この数値は光速の物理的な限界値で、光の速度とほぼ同じです。

音楽でもスポーツでも違和感のない超低遅延

その低遅延を実感できる例として、こんな事例はいかがでしょうか。商用サービス開始に先立つ23年2月、私たちは音楽のコンサートを開催しました。「Innovation × Imagination 距離をこえて響きあう 未来の音楽会II」と題されたこのコンサートは、東京・大阪・神奈川・千葉の4会場をAPNでつなぎ、一緒に音楽を奏でようという試みです。いざ演奏が始まると各楽器のタイミングはぴったりで、とても遠く離れた場所にいるとは思えないような見事な演奏でした。

東京−大阪間における今回の光ファイバー約700キロメートルを介した通信では、光の速度でも約4ミリ秒の遅れが生じます。音や映像を信号に変換するのにさらに4ミリ秒必要なので、このときの演奏会では約8ミリ秒の遅延が生じていました。

これは音の速度に直すと、約3メートル離れたときの遅延とほぼ同じです。つまり東京で演奏者が鳴らしたピアノの音は、例えば会場で10メートル離れた席で聞く観客よりも早く、大阪の演奏者の耳に届くのです。そう考えると「超低遅延」のすごさが実感できるのではないでしょうか。

24年3月にはさらに距離を伸ばし、東京−金沢間でも同様の音楽ライブを実施し

図表1-1　東京ー金沢間で開催した音楽ライブのネットワーク構成

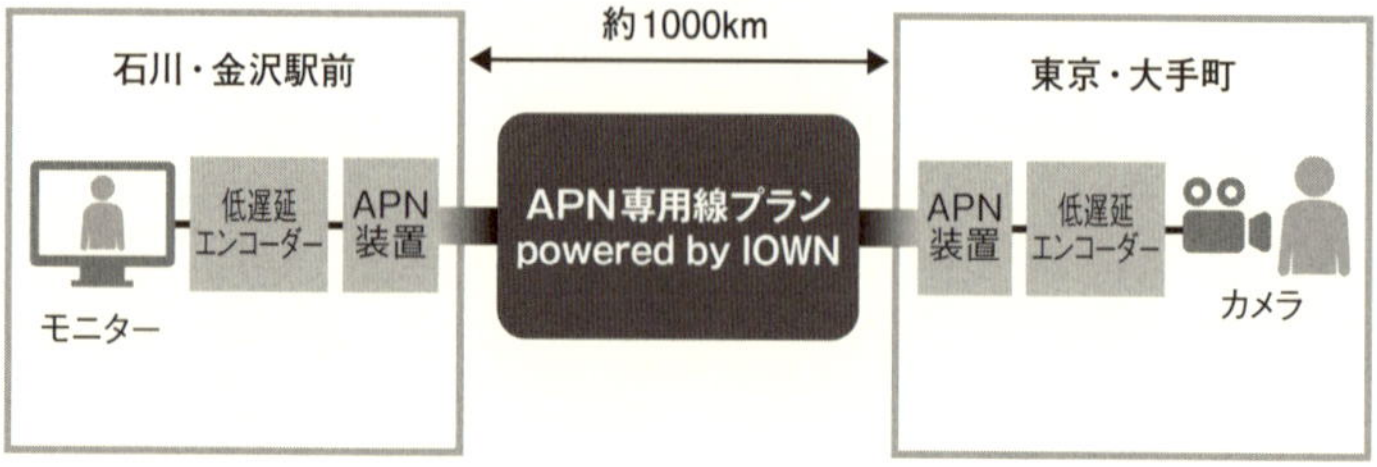

ました。東京ー金沢間をつなぐ光ファイバーの長さは約１０００キロメートルに及びます（図表１-１）。APNの実証実験としては世界最長となる試みでした。この際、金沢で演奏した「金沢ジュニア・ジャズ・オーケストラ JAZZ-21」と東京側から参加したバイオリニストの演奏は、自然と体が動いてしまうほど一体感があるものでした。

活用の場は音楽だけではありません。23年6月に開催された通信ネットワークの展示会「Interop Tokyo 2023」では、IOWNで遠隔地を結び、バーチャル卓球にも挑戦しました。千葉市の幕張メッセと、千葉県我孫子市のNECの我孫子事業場を約１００キロメートルの光ファイバーで結び、APNで接続。４Kカメラで撮影したプレーヤーや背景の映像をリアルタイムに配信し、仮想空間上のボールで打ち合いました。ラリーの様子は会場のモニターに映し出され、遅延を感じさせない臨場感のあるプレーの様子に会場からは歓声が上がりました。

こうしたＩＯＷＮの持つ「超低遅延」という特徴を生かし、今後、音楽やスポーツなどのエンターテインメント分野はもちろんのこと、ビジネスや医療なども含めた幅広い分野において想像を超えた活用方法が登場することになるでしょう。どんな未来が待っているのか、可能性は広がります。

世界初の国際間IOWN APN接続も実現

さらにＡＰＮの活用は国内に限らず、国際間接続でも進んでいます。24年8月、ＮＴＴと台湾通信大手の中華電信は、両社の協力により、日本と台湾約３０００キロメートルの長距離を１００ギガビット毎秒でつなぐ光のネットワークを構築し、世界で初めての国際間ＡＰＮ接続を実現しました（図表1-2）。

長距離大容量の通信ネットワークでありながら、遅延は片道で約17ミリ秒、遅延

図表1-2　国際間IOWN APN接続の概要

のゆらぎはほとんどありません。同区間をインターネット経由で接続した場合は、光と電気を変換するネットワーク機器を介するため、200ミリ秒から500ミリ秒の遅延が生じることから、APNの活用により遅延を最大で約30分の1に抑えられたことになります。

また、この世界初の国際間APN接続では、IOWNグローバルフォーラムで策定した技術構成（OAA：Open All-Photonic Network Functional Architecture）に対応している様々なメーカーの機器を使って相互接続を実現しています。この実績は、これから世界中でAPNを構築する企業の大きな励みになると期待されます。

台湾と日本を結んで開催された国際間APN

図表1-3　台湾と日本を結んで開催された国際間APN開通セレモニー

開通セレモニー（図表１‐３）では、台湾と日本の両会場の映像と音声を中継して、世界初の国際間ＡＰＮ接続の誕生を祝した合唱にて有効性を実証しました。また、中華電信の郭水義会長（当時）から、今後の展開について「ＮＴＴと密に協力してＩＯＷＮの革新的技術の開発を進め、ＩＯＷＮ ＡＰＮの様々なユースケースを実現して、世界へ普及させることで豊かな社会に貢献することをめざす」とのコメントをいただきました。

卓越した技術と豊富なグローバル

ビジネスの経験を持つ中華電信とＮＴＴが協力してＩＯＷＮの国際間ＡＰＮ接続に取り組むことは、ＩＯＷＮの技術開発や台湾と日本の両国でのサービス展開、例えば、データバックアップやレプリケーションサービスなどを加速させることにつながります。

今回の国際間ＡＰＮ接続は、世界中でＡＰＮの活用を拡大させるきっかけともなりました。今後、多様な業界や企業が抱える課題に対して、国際間ＡＰＮ接続は解決の糸口になり得ると考えられます。今後も様々なプレーヤーとともに、国際間ＡＰＮの拡大を推進していく予定です。

すでに人材育成の動きも

商用サービス開始から約１年半がたち、冒頭の日米首脳会談をはじめテレビや新聞などでも数多く取り上げられて、ＩＯＷＮのビジネス展開に期待が高まってきました。こうした中で、すでにＩＯＷＮに関する人材育成の動きも出始めています。

「ＩＯＷＮ人材」の育成に向けて研修プログラムを開発

ＩＯＷＮを最大限に活用するためには、従来のネットワーク技術やＩＴスキルに加えて、超低遅延をどう生かすかといった新たな領域の知識やスキルが必要になります。そこで本格普及を見据えて、今のうちから「ＩＯＷＮ人材」の育成に取り組もうと考える企業が出てきたのです。

例えば、技術支援や「人財」育成を手がけるＡＫＫＯＤｉＳコンサルティングは24年2月、ＩＯＷＮに関わる人材育成と新たな就業機会の創出をめざして「ＩＯＷＮ推進室」を設置しました。翌月にはＩＯＷＮグローバルフォーラムにも参画するなど、積極的にＩＯＷＮ構想の推進に取り組んでいます。

積極的に取り組む理由について同社ＩＯＷＮ推進室長兼シニアアキーアカウントマネージャーの森本直彦氏は、「ＩＯＷＮによって日本が停滞から脱却し、再び世界を席巻するチャンスの創出につながると期待しているため」と話します。ＩＯＷＮ構想の実現に向けては、技術に加えビジネス視点も併せ持つプロジェクトマネージャー人材をどれだけ育成・輩出できるかがポイントになると同社では考えており、そのために研修や各種認定プログラムの開発などに力を入れ始めています。

同社は24年7月、IOWNが必要とされる社会的背景やその構成要素、ＩＯＷＮによって変化する未来などの基礎知識を身につけられる「ＩＯＷＮ構想基礎研修」をビジネスパーソンやエンジニア向けに提供開始しました。

今後、こうして育成された専門知識やスキルを持った「ＩＯＷＮ人材」が増えてくることが想定されます。こうした人材は、音楽コンサートやスポーツの例で見たように幅広い産業において、必要不可欠な人材になるかもしれません。

IOWNが起こすゲームチェンジとは

電話からインターネット、そしてIOWNへ

それではIOWNは今後、社会をどのように変えていくのでしょうか。それを知るために、電話からインターネット、そしてIOWNへという流れに沿って少しネットワークの歴史を振り返ってみましょう。

ご存じの通りNTT、つまり日本電信電話株式会社は、もともとは「電話」の会社です。全国津々浦々に電柱を立てて電話網を整備し、収益のほとんどは電話が稼ぎ出していました。

電話のサービスは、自分と相手の間で糸電話のように1本の回線（通話経路）を専有することを前提としていました。通信をしている間は相手との間で回線が専有されるため、例えば他の人が電話をかけてきても「話し中」になります。この相手と

1対1でつなぐ通信方式は「回線交換」といわれ、他の人の通信状況などに左右されず安定した通信を実現することが可能でした。

その構造を大きく変えたのが、1990年代から普及しはじめたインターネットです。インターネットでは、複数の利用者が回線を共有します。具体的には「パケット通信」という仕組みを採用して、データを一定サイズの「パケット（小包）」に分割して送信します。これにより1本の回線に様々なデータを混在させて送ることができるようになります。1対1でつなぐ電話のように「話し中」が発生せず、送信ボタンを押すだけでメール送信などを完了できるのは、こうした共同利用型の仕組みがあるためです。

また、回線を共同利用することで通信のコストが劇的に下がりました。インターネット以前の電話料金がどのくらいだったか、覚えている方もいらっしゃるかもしれません。電話料金は距離によって決まり、遠方になるほど値段が上がります。例えば、東京－大阪間といった長距離電話では3分間数百円、国際電話ともなると3分間でも数千円という世界だったのです。ところが現在は、地球の裏側でもインターネット経由であれば通話料無料で話せます。

社会を大きく変えたインターネット

インターネットによって実現された「誰もがつながる」環境は、私たちのライフスタイルから企業のビジネスモデルまで、社会を根本的に変えました。あらゆる情報をオンラインですぐに入手できるようになり、世界中どこにいてもメールやチャットを使って手軽にコミュニケーションが取れるようになりました。

こうしたインターネットの力をさらに強化することになったのが、スマートフォンの登場です。この常に持ち歩ける手のひらサイズのインターネット端末により、私たちは24時間３６５日、いつでもどこでも「つながる」環境を当たり前のように手にすることになったのです。

例えば、音楽や映画のコンテンツをオンラインで購入してその場で楽しんだり、グルメサイトで評価の高いレストランを探して予約したり、気になったことを検索して瞬時に答えを手に入れたり……。生活の隅々までスマートフォンとインターネットが浸透した現在、もはや私たちはインターネットが無かった生活を思い出すことも難しくなっています。

インターネットの限界も見えてきた

しかしそんなインターネットにも、限界があります。インターネットの基本的な仕組みであるパケット通信は、多く人が同時に回線を使用するため、通信品質が安定しません。そのときの回線状態によって通信品質が変わる「ベストエフォート型」の通信で、混雑状況によって通信速度や遅延に差が出ます。どのくらいの速度で通信できるのか、どのくらい遅延が発生するのかは、実際にデータを送ってみないと分かりません。

場合によっては途中で通信が切断されてしまうことさえあります。皆さんも、無料通話アプリを利用していて、途中で切れてしまった経験はないでしょうか。これは電話の時代には考えられないことでしたが、インターネットを利用する通話アプリでは珍しいことではありません。インターネットで通信する以上「データを送るなら多少の遅れが出るのは当たり前」「速度が安定しなくても当たり前」。今は、そんなふうに思い込んでしまっています。

インターネットの普及から約30年がたち、私たちはいつの間にか、インターネットの常識にとらわれてしまったのではないでしょうか。新たなアイデアを考えるとき、新たなビジネスを開発するとき、知らず知らずのうちに、インターネットの限界を前提としてしまってはいないでしょうか。

IOWNが取り戻すネットワークの「時刻同期」

IOWN APNは、現在のインターネットでは実現できない、新たな付加価値を提供するネットワークです。中でも重要なものの1つが、「時刻同期」です。これは、ネットワークにつながったシステムや端末が、正確な時刻を共有できるという機能です。ネットワークの両端、つまり発信者側と受信者側で、正確に時刻を合わせたやり取りを可能にします。

スマートフォンやパソコンはインターネット経由でも時刻を合わせてやり取りし

ているように見えますが、実はミリ秒という単位などで見るとずれています。このため、例えばモビリティの遠隔制御のように正確な時刻同期が要求される分野でインターネット利用するのは困難です。もし「このタイミングでブレーキを踏め」という指令が出ても、指令の時刻と実際の動作の時刻がその時々でずれるのでは、遠隔制御の自動車があってもとても怖くて利用できないでしょう。

またAPNでは、昔の電話のように送信者と受信者が1つの回線（APNでは波長と呼びます）を専有して通信するため、混雑状況に左右されることがありません。通信距離に応じて数ミリ秒というごくわずかな遅延はありますが、その遅延は常に一定です。こうしたAPNで時刻同期の機能を使うことによって、モビリティの遠隔制御や自動運転などの厳しい要求にも耐えられるような、さらに高品質なタイミングを合わせた通信が実現可能になるのです。

正確な時刻同期は、従来のインターネットでは困難だった新たなネットワークの使い方を可能にします。モビリティ分野のほかにも、遠隔手術や建設機械の遠隔制御など、正確な時刻同期が求められる分野は多数あります。身近なところでは、例えばコンピューターゲームなどの腕を競うｅスポーツなどでも時刻同期は大切です。公平な競技を実施するためには、プレーヤーのいる場所に影響されることなく、すべてのプレーヤーの開始時刻などを正確にそろえておく必要が生じるためです。

ＡＩ同士の会話にも正確な時刻同期が求められる

さらに視野を広げると、これからますます重要な役割を果たしていくとみられるＡＩでも、正確な時刻同期が必要になってくるでしょう。今後、複数のＡＩを連携させていくことが想定されるからです。

私たちは複数のＡＩが連携し、会話する未来を描いています（詳細は第４章で説明）。複数のＡＩを連携させる上で、非常に重要になるのが時刻同期なのです。

例えば、コンピューターは１秒間に何百万回、何千万回というサイクルで高速処理を行っていますので、そうした高速性をいかに生かして効率よくＡＩ同士を会話させられるかが重要です。いつの時点の発言か分からず、相手の新しい発言があるのに、その前の過去の発言に対して質問するようでは、とても議論は進みません。

AＩ同士を高速に連携させることはできないでしょう。そこで時刻を正確に同期させる機能が提供されれば、発言がいつ時点のものなのかを互いに認識できるようになります。ネットワークに精度の高い時刻同期の機能があることで、はるかに効率よく高速に連携できるようになるのです。

正確な時刻同期など高度な機能を備えたＩＯＷＮは、こうした「インターネットではできなかったこと」も可能にする新しいネットワークです。インターネットの限界にとらわれることなく、ＩＯＷＮを念頭に発想を広げることで、新たなビジネスアイデアが生まれるかもしれません。

インターネットの経済合理性はもろ刃の剣

もう1つ、インターネットとＩＯＷＮの違いを挙げましょう。それは、インターネットがオープンであることです。インターネットは「ＴＣＰ／ＩＰ」と呼ばれる1つのルール（プロトコル）に従ってすべてが成り立っています。すべてのネットワーク機器が同じプロトコルを採用できたおかげで、機器の価格を大幅に下げることができました。普及すればするほどそうした効果は高まります。経済合理性で考えれば、インターネットは素晴らしい仕組みです。

しかし、そこには弊害もあります。プロトコルが公開されているということは、情報がどう流れているかもオープンになっている、つまりセキュリティが高い状態とは言えません。現在、企業や国家を狙ったサイバーアタックが頻発している要因の１つに、こうしたインターネットのオープン性も挙げられるでしょう。

一方でＩＯＷＮのネットワークでは、１つの回線（正確には波長）をユーザー同士が専有して通信を行うため、用途に応じてどんなプロトコルでも自由に使えます。軍事用、医療用、製造業用など、より高度にプロトコルを使い分けることで、セキュリティを一層高めることも可能です。

現在の社会は、ほとんどがインターネットのルールに従って動いています。いつでも誰でも使えるインターネットによって、社会は大きく変わりました。しかし、そろそろインターネットの制約を飛び越え、もっと自由な発想でサービス、ビジネス、社会の仕組みを考えていくタイミングではないでしょうか。ＩＯＷＮはその基盤となるネットワークになり得るのです。

始まりは19年に発表した一編の論文

ここでＩＯＷＮ構想がなぜ19年というタイミングで誕生したのか、その経緯を振り返ってみたいと思います。

ネットワーク経路をすべて光化するＡＰＮに加え、今後ＩＯＷＮで予定されているボード接続やチップ間、そしてチップ内通信の光化などを実現していくためには、電気信号を扱う電子回路の一部を光信号に置き換える「光電融合技術」が必要になります。

ＮＴＴは19年４月15日に、その光電融合技術の革新となる研究成果を、英科学誌「ネイチャーフォトニクス」で発表しました。電子回路の一部に光を融合する技術は20年以上前から研究されてきましたが、当時はデバイスのサイズや消費電力が大きく、実用技術としては確立されませんでした。しかし今回の研究で、ＮＴＴは従来と比べて消費電力を94％もカットすることに成功し、光電融合技術の実用化への道が開けました。

通信ネットワークだけでなく、コンピューター内部にまでこうした光電融合技術を導入することで、従来技術の延長線上ではない新たな次元のコンピューティングが可能となります。世界中のコンピューターの電力効率をＩＯＷＮの目標である１００倍にできれば、パリ協定に基づいた世界的な目標である「２０５０年カーボンニュートラル実現」に向けて、大きな貢献をすることができるでしょう。

ＩＯＷＮのロードマップでは、32年度以降に登場するＩＯＷＮ４・０で、チップ内の光化、いわゆる光半導体を実現する計画です。そして将来的にはスマートフォンなどの個人用の端末に、より小型化されたＩＯＷＮの光半導体が組み込まれることも考えられます。

もしスマートフォンの電力効率が１００倍になれば、充電は1年に1回で済むようになるかもしれません。あるいは小型の太陽光パネルや人間の体温による発電で消費電力を賄えるようになり、充電という行為そのものが不要になる可能性もあります。

光電融合デバイスがスマートフォンに収まるサイズになるには、まだ多くの研究開発が必要ですが、少なくともそのような世界の実現に向けた技術的な道筋は見えてきています。このようにＩＯＷＮ構想のきっかけとなった19年の論文は、低消費電力化で今後のサステナブルな社会の構築に大きく貢献するような、非常に大きな意味を持つものでした。

データセンターの在り方を変える

ＩＯＷＮの技術が私たちのスマートフォンにまで届くのは将来の話として、差し当たってＩＯＷＮが大きく変えていくことになりそうな領域は、データセンター分野です。データセンターというとなじみがないかもしれませんが、皆さんも日常的に使っている検索エンジンやクラウドサービス、音楽配信や映像配信サービス、生成AIなどの多くは、データセンターを利用してサービスが提供されています。

データセンターの立地が課題に

一般的にデータセンターは巨大な倉庫のような大きな建物です。近年大規模化の傾向にあり、設置には大きな敷地が必要となります。建物内には数千台、数万台という規模のコンピューター（サーバー）がずらりと並べられ、それぞれがネットワークでつながれています。

IOWNには、こうしたデータセンターが抱える2つの課題を解決する可能性があります。そのうちの大きな課題の1つが、立地に関する課題です。

近年、クラウドサービスなどの需要が高まり、データセンターは増設の必要に迫られています。そして増設の際は、既存のセンターと増設したセンター間でのサーバー接続で大きな遅延が発生しないよう、なるべく近距離に設置することが理想です。このため従来は、例えば東京都心部に既存のデータセンターを持つ場合、半径35キロメートル圏内に増設する必要があるといわれてきました。

ところが都市部周辺では、もはや大型のデータセンターを設置できる用地は不足しています。都心に近い住宅街などでは大規模データセンターの設置に反対の声が上がることもあり、ますますデータセンターの用地確保は難しくなっています。

もう1つの大きな課題は、電力を調達できるかです。データセンターの増設では、電源を引けるかどうかがカギを握るともいわれます。例えば、データセンターのサーバー数が数千台、数万台となると使用する電力も膨大です。こうした大規模な電力調達ができる好条件のエリアはどうしても限られ、立地の課題は非常に厳しいものになっているのです。

横須賀－三鷹間、約100キロをつないで実証実験

このような課題をIOWNは改善します。データセンター間の通信にAPNを利用することで、通信距離に応じて生じる遅延を大幅に低減できるため、データセンターを増設可能な範囲が従来の2倍の半径70キロメートル圏内まで広がります。東京であれば、千葉県や三浦半島までが候補地に入り、土地や電力供給に余裕がある

図表1-4　APNを使えばデータセンターの増設可能な範囲が大幅に拡大

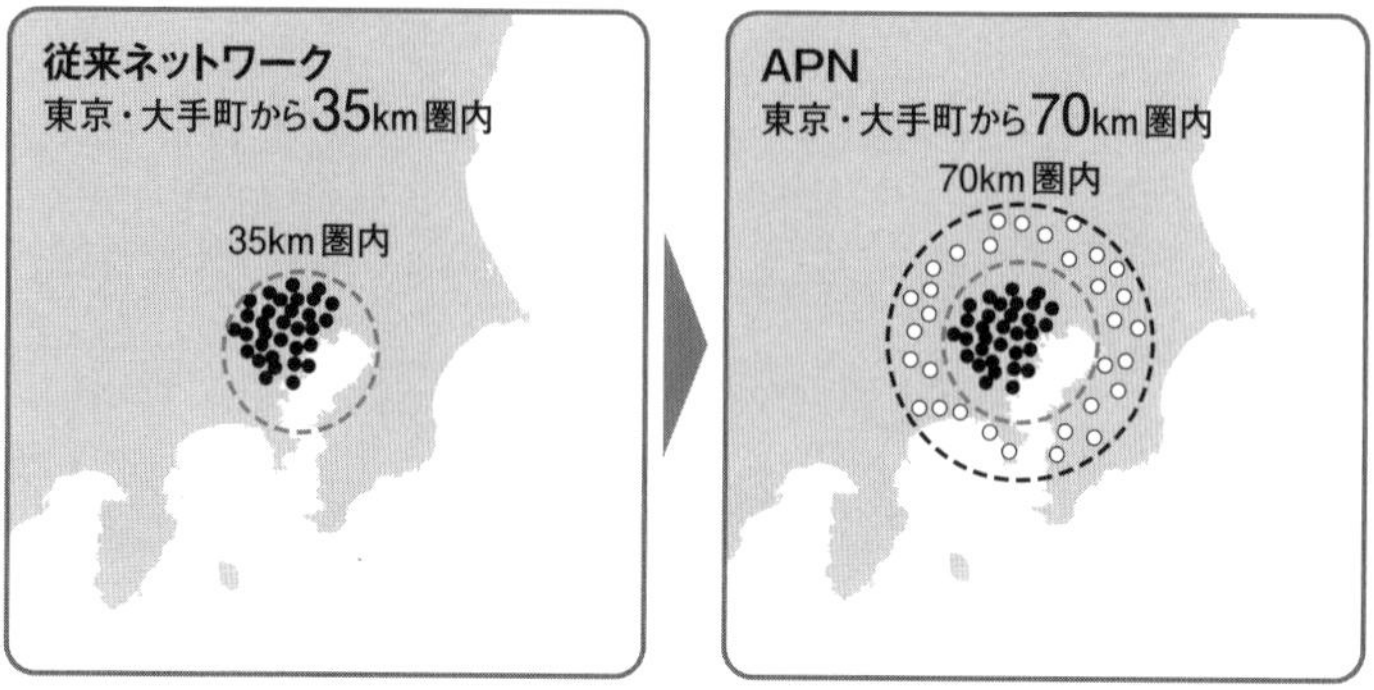

郊外でのデータセンター設置の可能性が広がります（図表1-4）。

データセンター間通信でのAPN活用の有効性を検証するため、NTTは24年2月に神奈川・横須賀―東京・三鷹間の約100キロメートルをAPNでつないで実証実験を行いました。具体的にはNTTが開発したAIの大規模言語モデル「tsuzumi」の本体を三鷹に設置したサーバーに置き、その学習用データを横須賀に置いて、三鷹にデータを高速転送する形で学習を実施したのです（図表1-5）。その結果、学習データとtsuzumiのサーバーとを横に並べて学習した場合と比べ、学習効率の低下は0・5パーセントと、

図表1-5　神奈川・横須賀−東京・三鷹間をAPNでつないだ実証実験

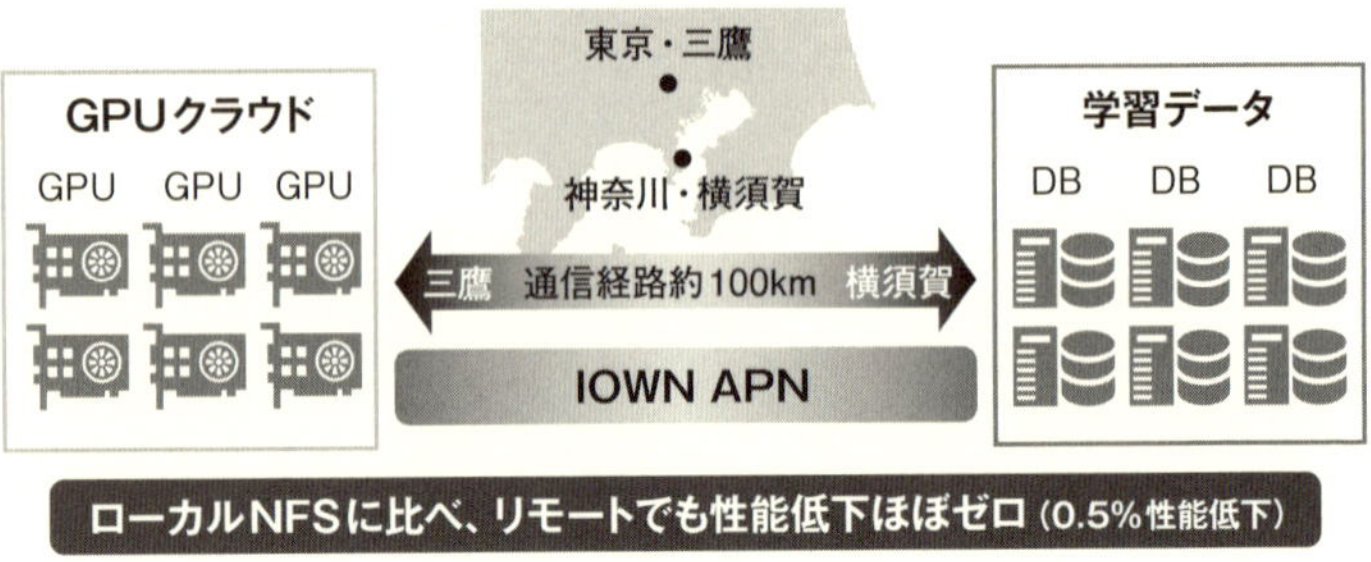

GPU：画像処理半導体　DB：データベース　NFS：ネットワーク・ファイル・システム

ごくわずかであることが確認できました。

従来は大量のデータ処理が必要な場合、データがある場所にデータセンターを設けるということが常識でした。ネットワークの速度が遅く、データの転送に時間がかかるためです。一方ＡＰＮを使えば、高速で距離による遅延を抑えた通信が可能になります。このため、土地に余裕がある郊外にデータセンターを設置して、必要に応じてデータを転送して処理する形態を取ることが容易になります。

また海外でも、データセンターの設置に日本と同様の課題を抱えているため、ＩＯＷＮの実証が進んでいます（図表1-6）。

図表1-6　英国や米国でも進むデータセンター間接続の実証実験

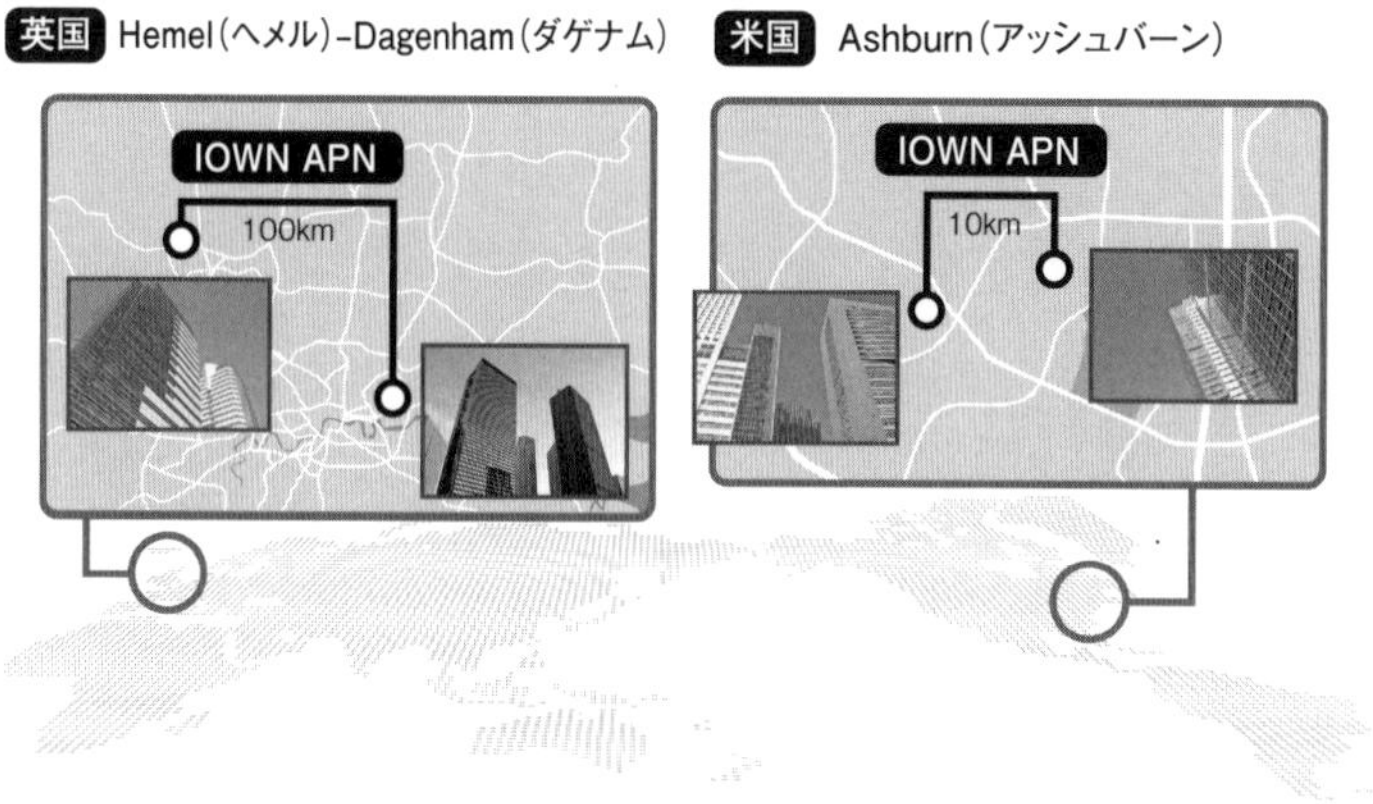

24年4月には、英国と米国でも複数のデータセンター間をＩＯＷＮ ＡＰＮで結び、あたかも同一データセンターであるかのように扱う実証実験を実施しました。大手事業者では、複数のデータセンターを同一のデータセンターとして扱うためのデータセンター間接続の遅延条件を2ミリ秒以内と規定しています。この実験では、約100キロメートル離れたデータセンター間の通信を1ミリ秒以下の低遅延で実現できることが確認されました。今後はインド国内などでも実施予定です。こうしてさらにＩＯＷＮ ＡＰＮ活用の可能性は広がっています。

今後は、CO_2の排出量制限や電力網への負担、用地不足などを理由に、世界的にデータセンターの設置が困難になる可能性があります。すでにデータセンターの集積地ともなっているアイルランド、ドイツ、シンガポール、オランダの首都アムステルダムなど、数多くの国や都市でデータセンター新設に関する規制の導入が始まっています。このような状況下においては、IOWNを利用した分散データセンターが有望な解決策となるでしょう。

エネルギーの地産地消も可能に

IOWN APNによるデータセンター間接続には、エネルギー面でも大きなメリットがあります。データセンターで大量に消費する電力は、送電の距離が長くなればなるほど大きなロスが発生します。このため大量の電力を使用するデータセンターは、なるべく発電所の近くに設置することが理想とされます。

そこでAPNによってデータセンター設置の自由度が上がれば、より発電所に近い電力効率が良い場所にデータセンターを建設することでエネルギーロスを減らす

図表1-7　エネルギーの地産地消を実現するAPN

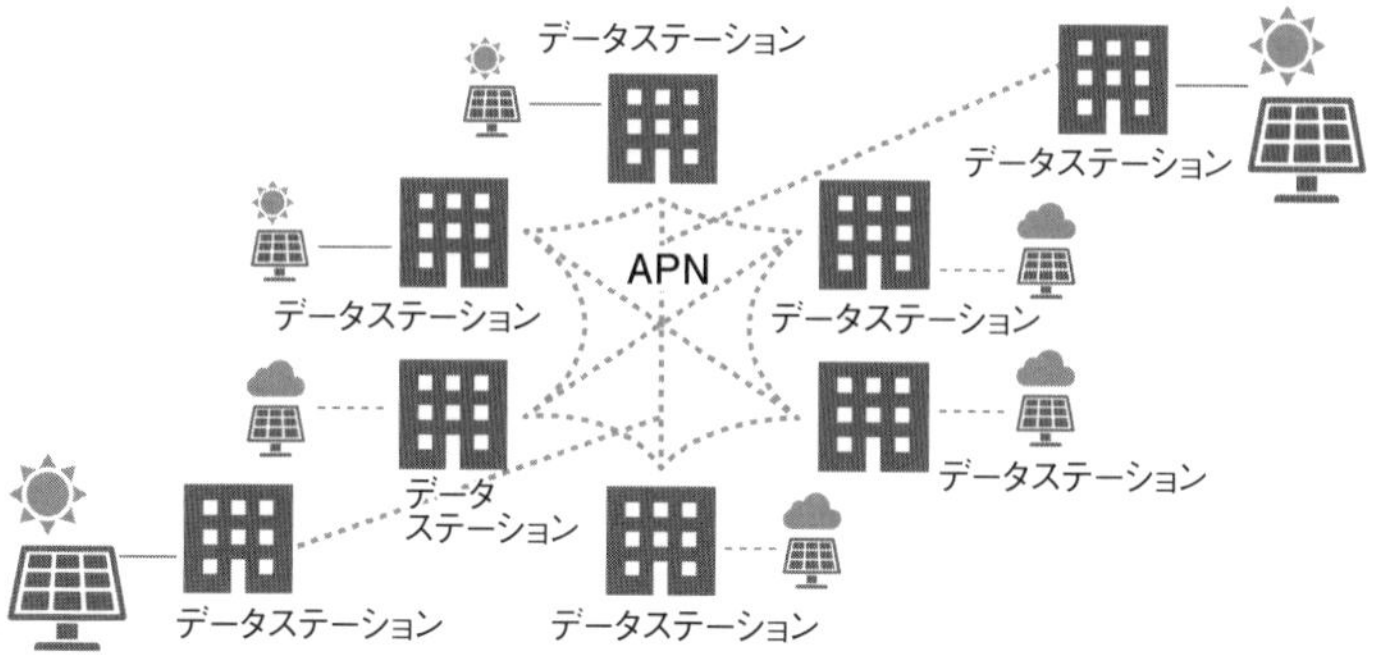

大型のセンターから小型・分散型のデータステーションへ
エネルギーの地産地消を実現

ことが可能になります。その結果、電力消費量が削減でき、データの移動コスト削減にも貢献できる可能性があります。

　さらに、APNでデータを自由に移動できるという前提があれば、その時々のエネルギーの状況によって、データを処理する場所を選べるようにもなります。例えば「今日は北海道の天気が良く太陽光発電の電力が余っているから、北海道のデータセンターで処理しよう」などと、エネルギーの地産地消を実現し、発電量の変動が大きい再生可能エネルギーを無駄なく使えるようになるかもしれません（図表1-7）。

次のステップはコンピューティングへ

ここまで長距離の通信に用いるAPNを中心に、IOWNが切り開く未来を紹介してきました。これはIOWNのロードマップでは「IOWN1・0」のフェーズです。

ただ、IOWNがつなぐのは地点間だけではありません。次のステップとなる「IOWN2・0」では、もっと短い距離の通信を電気から光に置き換えていく計画です。第2章では、次のステップであるコンピューターの基盤（ボード）同士、あるいは集積回路（チップ）間を光で結ぶIOWNについて見ていきましょう。

第２章

「光電融合デバイス」のインパクト

IOWNはネットワークからコンピューティング分野へ

IOWNは、従来は電気で行っていた通信（データの伝送や処理）を光に置き換えていく技術基盤です。第1章では、主に都市と都市などの長距離通信において経路のすべてを光でつなぐ「APN（オールフォトニクス・ネットワーク）」を中心に、IOWNの特徴を紹介しました。これはいわばネットワーク領域での活用です。IOWNのフレームワークでは、APNの上にサーバー基盤や、現実を仮想空間で再現するデジタルツインコンピューティングなどが実現されていく形になります（図表2-1）。

さらにIOWNは、第1章でも紹介した「光電融合デバイス」（PEC：Photonics-Electronics Convergence）を進化させる形で、より小さなコンピューターの内部にも適用されていきます。CPU（中央演算処理装置）やGPU（画像処理半導体）、メモリー

図表2-1　IOWNのフレームワーク

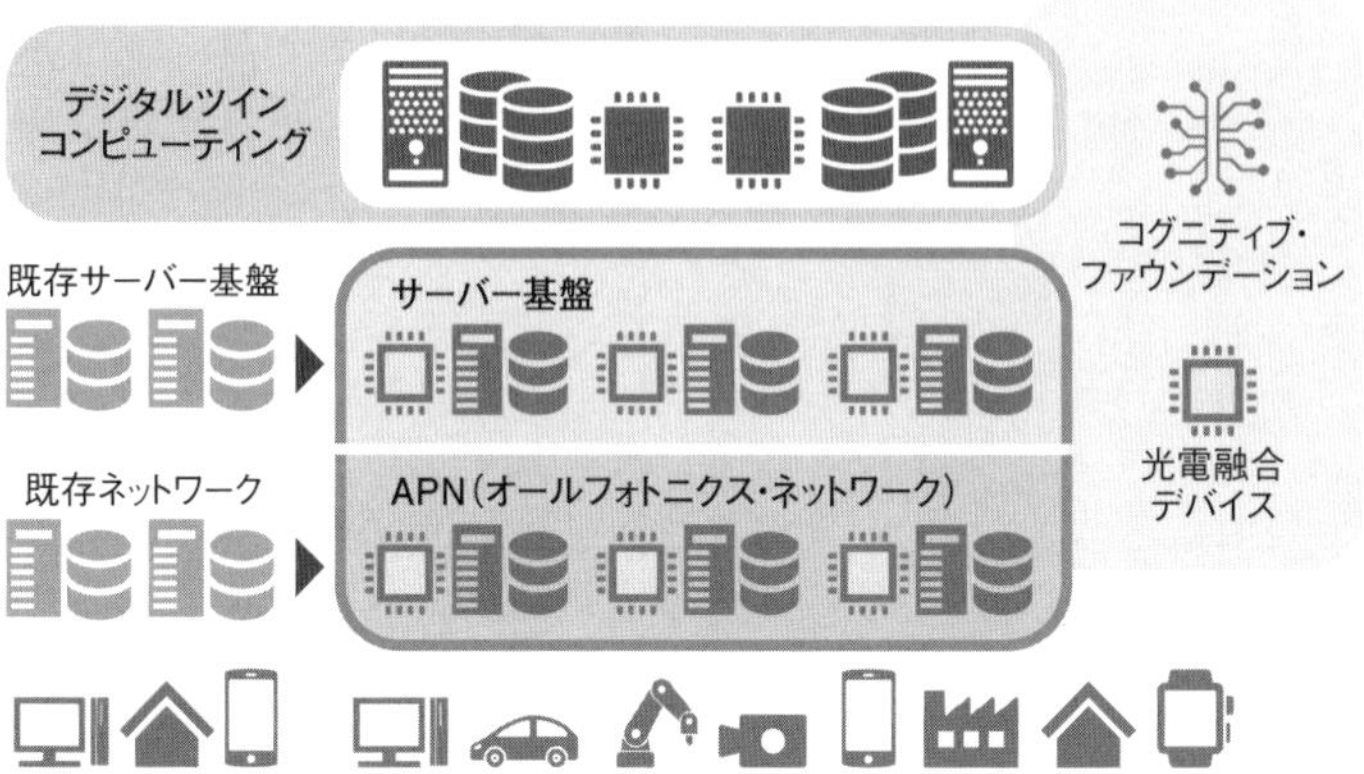

などが搭載される基板（ボード）同士の接続、さらにボード上のＣＰＵやＧＰＵなどの集積回路（チップ）間、そして最終的にはチップ内部という非常に短い距離の通信を光に置き換えること、つまり光半導体の実現をめざしています。本章では、そんなコンピューティング領域におけるＩＯＷＮの活用を見ていきます。

光電融合技術をより小さなデバイス、チップへと展開

ＩＯＷＮの革新のカギは、電気信号を扱う電子回路の一部を光信号に置き換える「光電融合技術」や、光ネットワーク

図表2-2　光電融合デバイスの進化の観点から見たIOWNのロードマップ

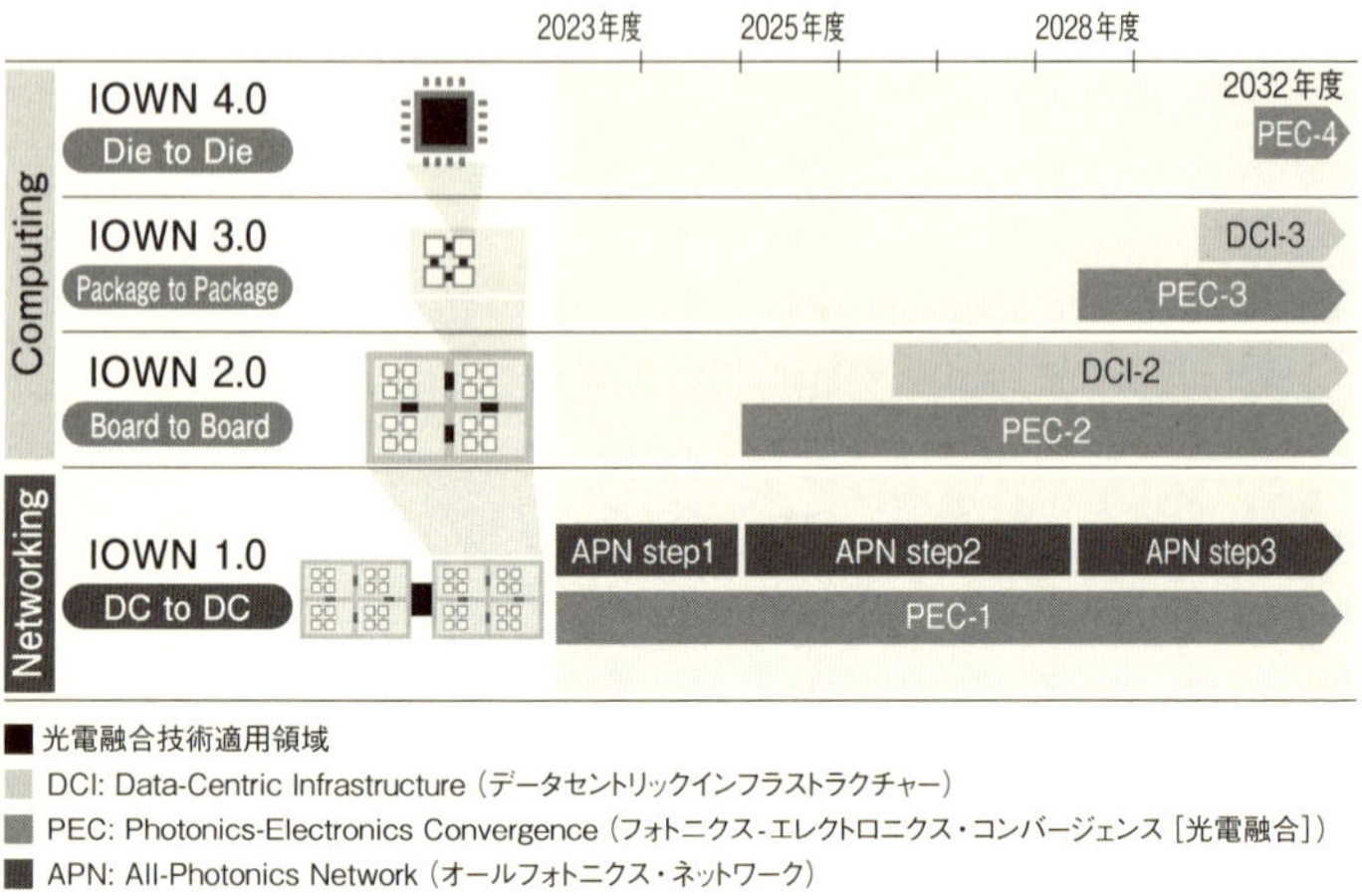

上でリソースを有効に活用してアプリケーションを動作させるための情報処理基盤「DCI」（データセントリックインフラストラクチャー：Data-Centric Infrastructure）などにあります。まずはIOWNが今後どのように進んでいくのか、光電融合デバイスの進化の観点から、改めてロードマップを整理してみましょう（図表2-2）。

2023年に最初に商用化した「APN IOWN1.0」は、分かりやすく言えば、データセンター間接続といった非常に高品質・低遅延な通信が要求される用途を想定した

図表2-3　光電融合デバイスのイメージ

年度	2023年度-（PEC-1）	2025年度-（PEC-2）	2028年度-（PEC-3）	2032年度-（PEC-4）
デバイスイメージ	ネットワーク向け小型/低電力デバイス（DC to DC）	ボード接続用（Board to Board）	チップ間向け（Package to Package）	チップ内光化（Die to Die）
	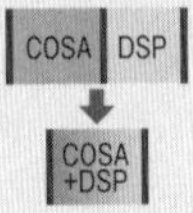			
デバイスサイズ	11.5mm×21mm ×3mm	20mm×50mm ×7mm	5mm×10mm ×3mm	2mm×5mm ×2mm

通信サービスです。その実現には私たちが「ＰＥＣ-１」と呼ぶ第1世代の光電融合デバイスを用いています。この第１世代はネットワーク向けの小型・省電力のもので、大きさで言うと数センチメートル×数センチメートルといったレベルです（図表２-３）。

次にコンピューター内部のボード同士を光でつなぐＩＯＷＮ２・０は、25年度に実現する予定です。ここでは、第２世代の光電融合デバイス「ＰＥＣ-２」を使用します。そして、ＩＯＷＮ３・０ではさらに小型化を進めて「ＰＥＣ-３」でチップ（半導体チップ）間の接続を実現します。この段階で大きさはミリメートルのレベルに入ります。

32年度以降の開発をめざすIOWN4・0では、超小型の「PEC-4」によりチップ内の光化に挑みます。こうしてIOWNは「光半導体」のミクロのレベルへと入っていきます。

このロードマップでいうとIOWN構想の入り口に当たるIOWN1・0のPEC-1において、APNのサービスが商用化されました。では、さらに先のIOWN2・0のPEC-2、IOWN3・0のPEC-3では、どのような世界が実現されていくのでしょうか。以下で順に紹介しましょう。

IOWN2・0でデータセンターが大幅に効率化

IOWN2・0で実現される分かりやすい例が、データセンターの大幅な効率化です。第1章では都市部でデータセンターの用地不足が顕著になっていることや、データセンターの消費する電力が大きな課題になりつつあることをお伝えしました。そしてその課題への対策として、データセンター間を遅延が少ないAPNで接続することで、土地の制約が少ない郊外や、再生可能エネルギーが豊富な地域に設置できるようになることを紹介しました。

IOWN2・0ではさらに、データセンターにあるサーバーなどの消費電力を下げることでデータセンター全体の低消費電力化、さらにサーバー自体の設備コストを大幅に削減することなども可能にします。そのカギとなるのが、PEC-2によるボード接続の光化なのです。

光を使い「箱」の概念を超えて構成部品をつなぐ

データセンターで使われているサーバーも含め、現在のコンピューターでは基本的にCPUやGPU、メモリー、ストレージといった構成部品が、ごく近くに集まるように配置されます。これは電気信号による通信では、データの伝送容量を上げれば上げるほど、また距離が離れれば離れるほど損失が増え、大きな電力を消費してしまうためです。結果として現在のコンピューターは、1つの「箱」のような空間（きょう体）の中に構成部品が収められる格好になっています。現状のデータセンターでは、そのような「箱」を数千台、数万台と並べ、それらをネットワーク機器でつないでデータを処理しています。

また、現在サーバー同士は基本的にインターネットと同じTCP／IPという仕組みを採用したネットワークで接続しています。TCP／IPは原理上、回線の混雑状況に応じて遅延が生じます。このため複数のサーバーをまたいで複雑な処理を高速に行うことは困難でした。こうしたことも、各サーバーのボードなどを光で直接つなげることで瞬時のやり取りが可能になり、解決への道筋が見えてきます。

IOWN2・0になると、各サーバーのボード同士、具体的にはボードやストレージなどを含めた構成部品同士を光でつなぐことができるようになります。これにより、光信号による通信は高速大容量でしかも損失や電力消費が少なく距離による制約を受けにくいため、各種の構成部品を本体から少し離れた場所などに効率よく置けるようになります。

さらにボードなど各種の構成部品間を光で接続できるようになれば、各サーバーが備えていたCPUやGPU、メモリーといった構成部品を単独ではなく、複数のサーバーで共同利用するといった、従来の「箱」のくくりを超えた利用形態なども実現可能になってきます。各構成部品を共有して柔軟に組み合わせて使えるようになれば、電力消費や設備コストの大幅な削減も期待できます。

これまでは、サーバーが実行する処理の内容によって、構成部品の能力に無駄が生じるなどの問題がありました。その端的な例がAIです。現在のAIの学習などの処理は主にGPUを使って行うため、CPUの能力はほとんど使いません。ところが現在のサーバーの仕組みでは、1サーバー当たり1基以上のCPUを必ず搭載することになるため、AI処理を行うような場合には、CPUの能力がほとんど使われないままです。1台1台の無駄が何千、何万台と積み重なると、必要のない電力消費も増え、大きな損失となります。ボード接続を光化するIOWN2・0によって各種構成部品の共用が可能になっていけば、こうした問題も解消に向かう可能性があるのです。

次世代のディスアグリゲーテッドコンピューティングへ

このように、これまで「箱」単位で利用されてきたコンピューターの構成部品を細分化して共有する仕組みを、私たちは「ディスアグリゲーテッドコンピューティング」と呼んでいます（図表2-4）。コンピューターをディスアグリゲート、つまり「細分化」して利用するというコンセプトです。

先述の通り、AI処理ではCPUの使用量は少ない一方、GPUが大量に必要となります。そんなとき、ディスアグリゲーテッドコンピューティングであれば「箱」を超えて必要なときに多くのGPUを束ね、処理に利用できるようになります。

また時間帯によって処理の負荷が変わるような場合にもディスアグリゲーテッドコンピューティングは有効です。必要な構成部品だけを起動し、使わない部分はオフにしておくなどの柔軟な対応が可能になり、電力消費を削減するなどのメリットが見込めるためです。

図表2-4　ディスアグリゲーテッドコンピューティングの概念

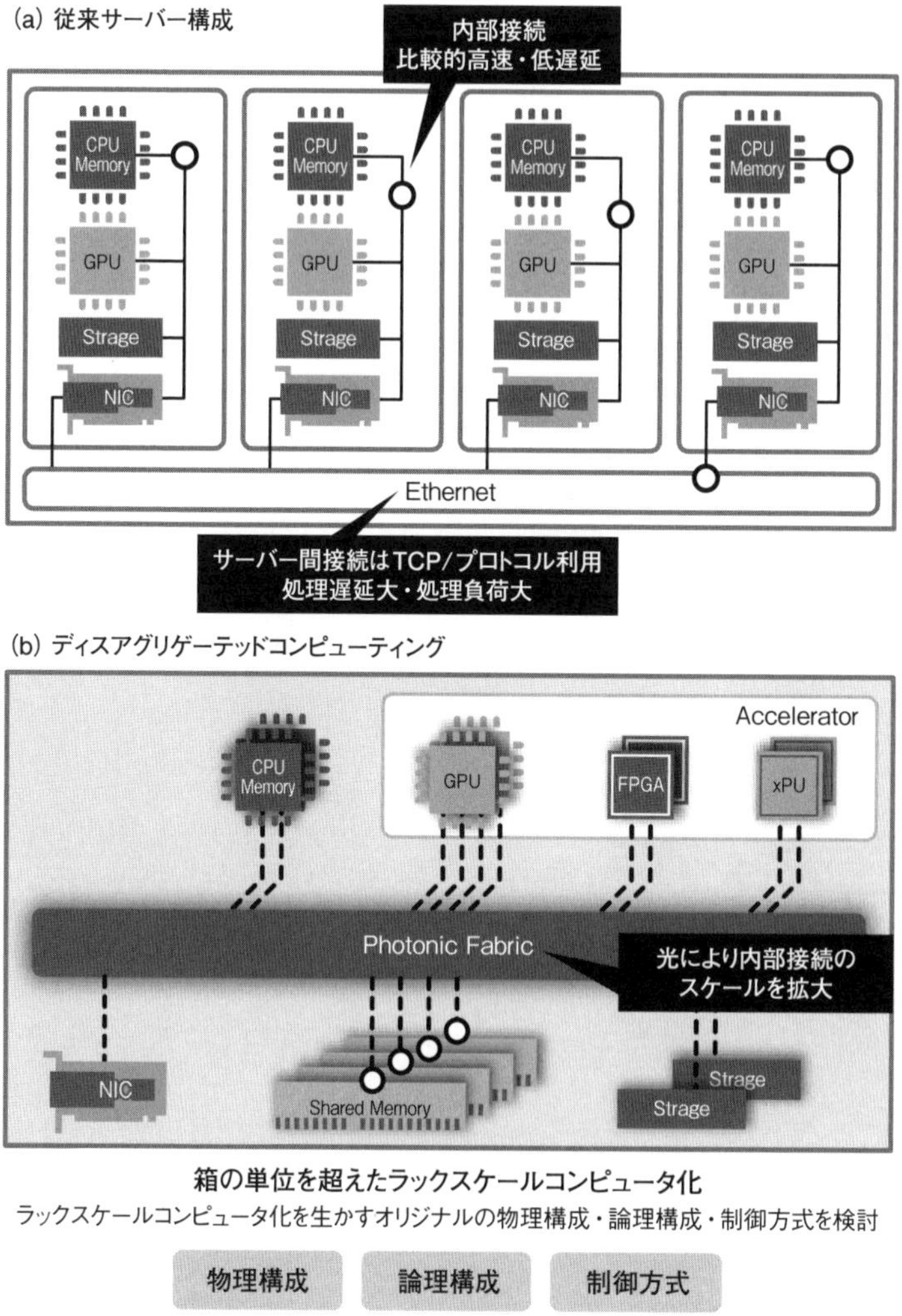

NIC：Network Interface Card
FPGA：Field Programmable Gate Array

ディスアグリゲーテッドコンピューティングのコンセプト実証も進展

こうした中で私たちは、街頭に設置された監視カメラのリアルタイム映像解析の例を用いて、ディスアグリゲーテッドコンピューティングのコンセプト実証を行いました。例えば、監視カメラ映像に対してリアルタイムで不審人物の検知処理をする場合、人出の多い昼間と、人がほとんどいない夜間では処理の負荷が大きく変わります。そこで昼間は多くの構成部品をつなぐ一方、夜間は不要な構成部品をオフにするなど使用部品を最適化した結果、従来型のコンピューターと比べて電力消費量を60~70%削減することに成功しました。

このようにIOWNが実現可能にするディスアグリゲーテッドコンピューティングは、サーバーの形態を劇的に変え、電力消費を大きく削減できる可能性を秘めています。まずは複数サーバーを収納する棚（ラック）単位の構成部品（リソース）共有化からスタートし、データセンター全体のリソース共有化、さらに複数データセンターを束ねたリソースの共有化までを視野に入れています。

このディスアグリゲーテッドコンピューティングのコンセプトが生きるのが、大量のデータ処理が求められる、遅延が許されない、処理の負荷が大きく変動する、といった処理特性を持つサービスや分野です。例えば先ほど触れた数多くの監視カメラ映像をリアルタイムで分析する必要があるようなセキュリティサービスは、大量のデータ処理が求められ、処理の負荷が大きく変動するものの代表例です。また複数の交通機関を連携させて最適な移動サービスを実現するＭａａＳ（モビリティ・アズ・ア・サービス）や車の自動運転などは、一瞬の遅れが命に関わるため、決して遅延が許されない分野といえるでしょう。その他にも電力の需給バランスを制御するエネルギーマネジメントやＥＣ（電子商取引）、ライブ配信やゲームなど、幅広い分野でディスアグリゲーテッドコンピューティングの活用の可能性があります。

そして、その実現で重要な役割を果たすのが、ＰＥＣ-２の光電融合デバイスです。すでに試作品は完成しており、25年度の商用提供開始に向け準備を進めています。

ディスアグリゲーテッドコンピューティングの実現形態は、このような光電融合デバイスやＤＣＩ（データセントリックインフラストラクチャー）の進化に応じて、ボード単位、チップ単位へと広がっていきます。これにより、一層の大容量化や低消費電力が見込まれているのです。

AI時代の要求を満たすのは、光の半導体チップ

さらに話を進めましょう。28年度には、チップ間通信の光化を実現するIOWN3・0が登場する予定です。ここでは前の世代よりもさらに小型化したPEC-3と呼ぶ第3世代の光電融合デバイスを用います。その意義を紹介するために、まず現在のチップ＝半導体チップ（半導体集積回路）が置かれている状況を解説します。

チップの性能向上を実現する「3本の矢」

現在、AIの急速な普及を背景として、半導体チップに要求される性能は急激に

高まっています。そんな要求に応えるために、半導体チップの世界では「3本の矢」で技術革新、高性能化が進んでいます。「微細化」「高密度実装」「チップ間通信の光化」の3つです。

第1の矢　微細化

第1の矢は「微細化」です。半導体チップは、電流を制御する「トランジスタ」と呼ばれる部品の集まりです。このトランジスタの数が多ければ多いほど、半導体チップの性能は高まります。このため、各トランジスタのサイズをできる限り微細化し、小さなチップ上にいかに多くのトランジスタを詰め込むか、言い換えればいかに集積度を上げるかが半導体チップ開発の大きな焦点でした。

「ムーアの法則」という言葉を聞いたことがあるでしょうか。この50年あまり、半導体チップはこの法則に従って進化を続けてきました。

ムーアの法則は、インテルの創業者の1人であるゴードン・ムーア氏が1965年に提唱した経験則です。その内容は「半導体の集積回路の素子数（トランジスタ数）

は2年ごとに2倍になる」というもので、提唱から50年以上にわたり、おおむね守られてきました。これにはムーア氏が技術の進化スピードを正確に予測したことはもちろん、技術者たちがこの法則を目標に半導体の技術革新に取り組んできたという側面もあるのではないかと思います。

微細化で搭載するトランジスタ数を増やすには、まず半導体チップを構成する回路の線幅を狭くして、集積度を上げていく必要があります。回路線幅は、以前はマイクロメートル単位（1ミリメートルの1000分の1）でしたが、微細化が進み、現在はそのさらに1000分の1のナノメートル単位（1ミリメートルの100万分の1）になっています。17年ごろに10ナノメートルが主流だった回路線幅は、その後7ナノメートル、5ナノメートルと微細化が進み、現在は3ナノメートルが実用化されつつあります。

さらに複数の企業や研究機関がこの先のロードマップとして、1・4ナノメートル、1ナノメートル、0・7ナノメートルといった数値まで示しており、もうしばらくは微細化が進みそうです。現在はトランジスタの構造を工夫することで集積度を上げる技術が登場しており、今後少なくとも10～15年はムーアの法則が続く可能性が高いとみられています。

ただし、微細化が進むにつれ、物理的な限界も近づきます。最終的に回路線幅は原子の大きさ以下にはできませんし、半導体の性能向上を微細化だけで実現するのは次第に難しくなってきています。微細化が進むにつれ製造コストが上昇したり、性能向上が鈍化したりするなど、その恩恵が受けにくくなるためです。

第2の矢　高密度実装

そこで微細化とともに進められているのが「高密度実装」です。実装はパッケージングとも呼ばれ、製造した半導体チップを切り出してさらに組み合わせる工程のことを指します。この実装の際に、複数の異なる半導体チップを高密度に詰め込み、あたかも1つの巨大なチップのように扱うことで高性能化を狙うのが高密度実装技術です（図表2-5）。

従来平面上に並べていたチップを縦に重ねる先進2次元パッケージングや3次元

図表2-5　パッケージングにおける高密度実装技術

水平実装では限界→立体実装へ（2.5D実装、3D実装など）

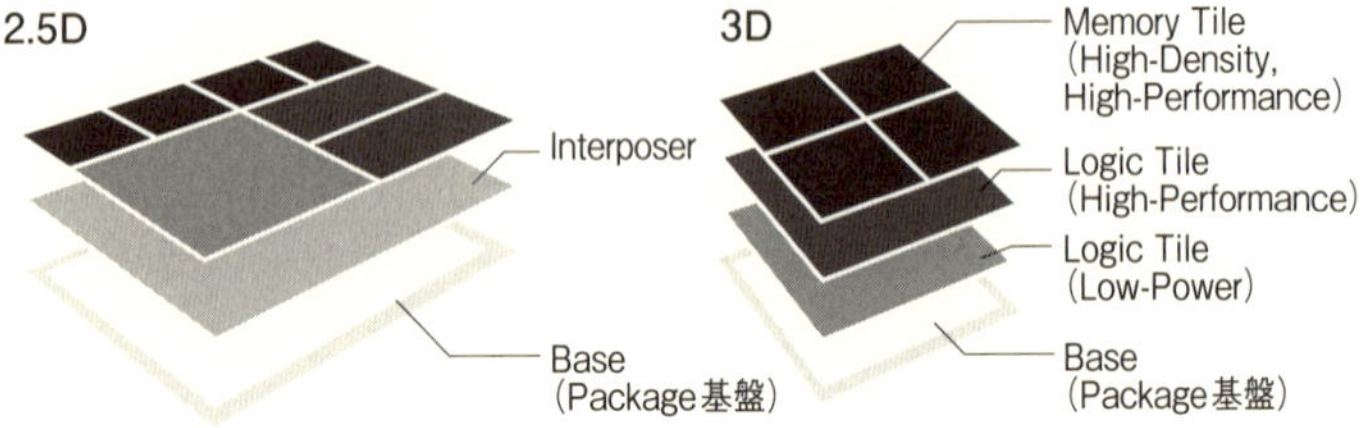

パッケージングなどの技術開発が進み、半導体の高性能化を支えています。こうしてできるだけ高い密度で実装して回路長を短縮することで、転送速度向上や消費電力低減を見込めるわけです。

第3の矢　チップ間通信の光化

そして半導体チップの高性能化に貢献する第3の矢が、IOWN3・0で登場するPEC-3のテーマとなる「チップ間通信の光化」です。

電気信号は、伝送距離を伸ばせば伸ばすほど、消費電力が増大します。特に伝送容量を高めるために信号を送る周波数（クロック数）を上げると、短い距離でも消費電力が急激に高まり、大きな損失が発生します（図表2-6）。使用する周波数は現在の10ギガ

図表2-6　電気と光による通信で比較した消費電力と伝送距離の関係

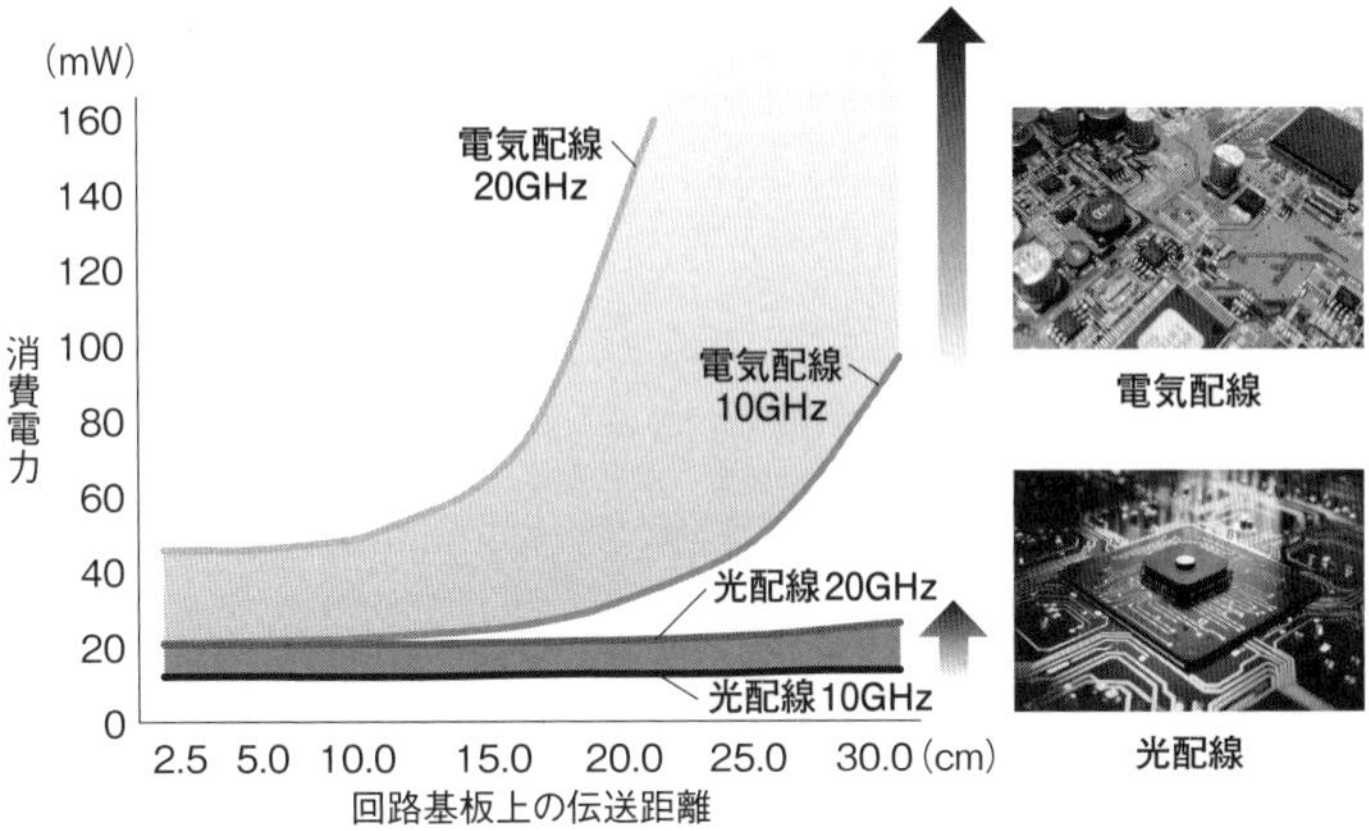

ヘルツ、20ギガヘルツといったものから、近い将来には50ギガ～１００ギガヘルツになることも見込まれます。一方、光信号であれば伝送距離が伸びても消費電力はほぼ一定で、周波数を上げても大幅に増加することはありません。

例えば、現在急激に増えているＡＩ処理を例に取ると、１回の処理当たりのデータサイズが巨大で、とても１個の半導体チップ（ＧＰＵなど）では処理できません。数千個、数万個という単位でチップをつなぎ、分散して処理する必要があります。

ただし電気配線を用いてチップ間を接続していくと、高速伝送のための消費電力が大きくなりすぎ、ある時点で高性能化が難しくなります。これに対し光配線であれば伝送の大容量化、長距離化が可能になるため、多数のチップ間を接続して高速に連携させることが見込めるようになるわけです。

また巨大なタスクを処理するには、そのために大量のデータを読み込む必要があります。いくら処理性能が高速でも、データ読み込みが高速化できなければ性能を十分に発揮できません。いくら高性能なエンジンを積んだ自動車でも、燃料を供給するホースが細くてはその性能を最大限に発揮できないのと同じです。そこで、データを処理するCPUやGPU、データを一時的に保管するメモリーといった構成部品間のデータ転送なども、光を用いて高速化しておくことがとても重要になります。

AIの普及が本格化する中、求められるコンピューターの性能を実現していくためには、これまで見てきたような「微細化」「高密度実装」、さらにIOWNがめざす「チップ間通信の光化」を加えた3本の矢を組み合わせることが不可欠だと私たちは考えています。

光化を支えるNTTのメンブレン（薄膜）技術

ここまで、光の技術を用いたIOWNが実現する世界について見てきました。では、なぜNTTはAPNや、PEC-2、PEC-3などの光電融合デバイスを世界に先駆けて実現していくことができるのでしょうか。その理由を次に紹介しましょう。

NTTは1960年代から光の研究を進めてきた、と本書では繰り返しお伝えしてきました。その研究の蓄積により私たちは、世界の先端を行く、優れた光ファイバー技術などを持っていると自負しています。実は、こうした技術があるからこそ、光信号を伝送路から漏らさず遠くまで届けることも可能になり、光による長距離通信などが実現できるのです。

例えばこれまでNTTは、長距離の光通信システムの実現に必要不可欠ながら実用化が難しいとされていた「小型・高効率・広帯域の光増幅器」を実現しています。この技術は後に、太平洋・大西洋横断海底光ケーブルをはじめ、世界中の長距離伝送網に採用されました。また、「空孔構造」と呼ばれる新しい構造の光ファイバーを世界で初めて実用化し、製造技術を確立しました。こちらも現在は世界中で使用されています。

さらには大量生産に向くシリコンをメイン材料に、非常にコンパクトな光導波路／回路を実現できるシリコンフォトニクスの技術においても、NTTの設計技術は他を寄せ付けない性能／パフォーマンスを誇っています。一般的にシリコンフォトニクスの設計は、ファウンドリーと呼ばれるシリコン製造業者が準備した既製品の設計部品要素（干渉計、合分波器、受光器など）の組み合わせで実現するのに対し、NTTの設計では部品要素一品ごとに独自開発を行い、物理的レベルの細部にいたる導波路構造や添加物質濃度などまで練り上げて性能を最適化しています。

そうしたNTTの光研究の歴史の中で生まれたのが、第1章でも紹介した、英科学誌「ネイチャーフォトニクス」に発表した光電融合に関する論文でした。

具体的に、この論文において何が画期的だったかというと、光電融合デバイスの圧倒的な薄型化（薄膜化）に成功したということです。これにより、従来の方法で作っ

図表2-7　メンブレンフォトニクスで作製するメンブレンデバイスの構造

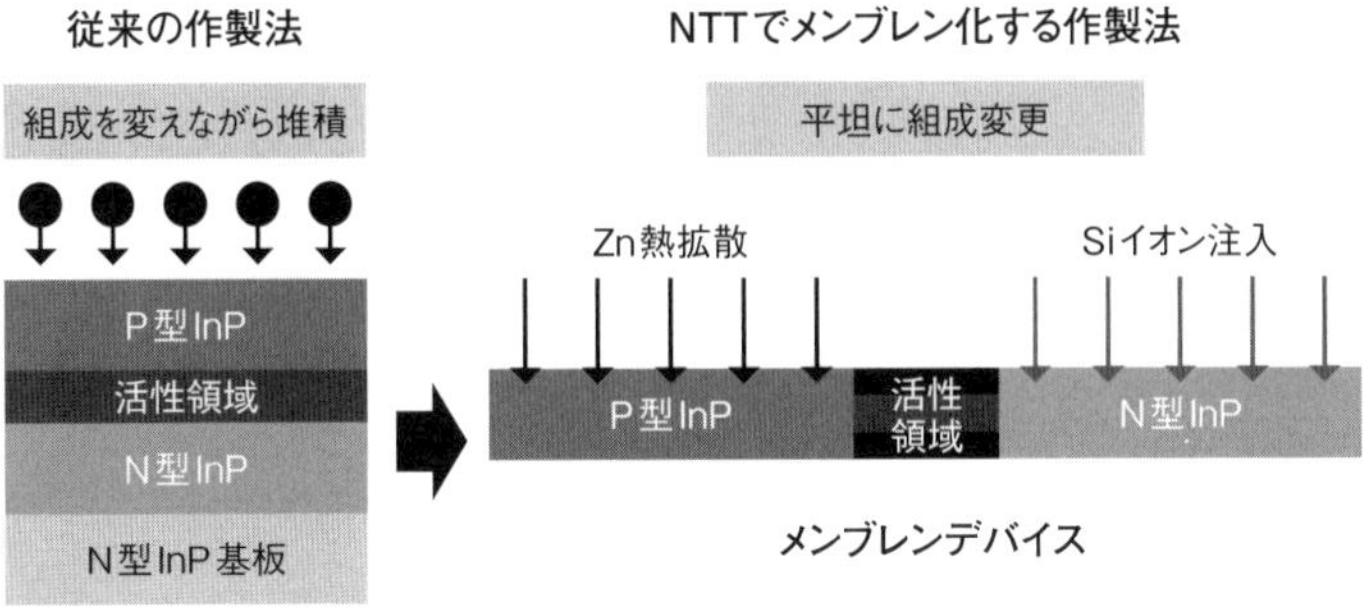

た光電融合デバイスの場合と比べて、消費電力を１００分の１まで削減することに成功しました。これは偶然ですが、ＩＯＷＮの最終目標として設定している「電力効率１００倍」（消費電力１００分の１）と同じ数値です。私たちが開発したこの方法は、薄型が特徴であるので「メンブレン」と呼んでいますが、前述したＮＴＴ独自の設計手法を用いたシリコンフォトニクスとの連携によって光電融合デバイスが実現されることから、これら両者含めて広義の「メンブレンフォトニクス」と呼んでいます。（図表2-7）。

論文が発表された19年以前の光電融合技術は消費電力が大きく、電気を使う場合よりも電力効率が悪かったため、あえて使う理由が見いだせませんでした。それが19年にこのメンブレンフォトニクスが確立されたことで、光技術を利用したコンピューティングへの道が開かれることになったのです。

こうした光の分野におけるNTTの強みは、物理的なレベルからシステムレベルまで（材料、部品要素、回路、デバイス、システムまで）すべてグループ内で行う能力があることです。このため、システム上の使用目的に合わせて最適な特性を持つメンブレンフォトニクス製品なども物理的なレベルから自前で作ることができます。そして、このメンブレンフォトニクス技術をさらに進めてチップ間を光でつなぐPEC-3の製品化に成功すれば、いよいよ電力効率100倍が見えてくるのです。

NTTだけでなく、日本は光技術に関して、製造、試験、材料など多くの分野で圧倒的に多くの特許を持っています。つまり光電融合は日本の強みが生きる分野です。28年度の製品化をめざして開発中のPEC-3に関しても、NTTは多くの特許を保有しています。この分野では先頭集団にいると自負していますので、仲間と協力しながらこの分野を切り開いていきたいと考えています。

光電融合デバイスは内製、匠の技術を自動化

ＰＥＣ-3、ＰＥＣ-4といった光電融合デバイスを実現する技術的な見通しは立ってきました。しかしこれを単なる技術で終わらせることなく製品化し、ビジネスとして成立させられるかが大きな課題です。

製造技術、実装技術などを確立しデバイス提供

そこで23年、私たちはメンブレンフォトニクスをはじめとする光電融合技術の開発と製品化を進めるために、１００％子会社となるＮＴＴイノベーティブデバイスを設立しました。現在ここで、光電融合デバイスの設計や試作に加え、量産するための製造技術の確立などにも取り組んでいます。

例えば、光を扱うには繊細で高度な技術が必要となります。まず電線と光ファイ

バーの違いを考えてみましょう。電気信号は、極論すれば電線をつなぎさえすれば電流が流れて送ることができるようになります。ところが光信号は光波として光ファイバー内を進んでいくのですが、光ファイバー同士を接続するときに乱暴につないでいてはとても通信ができる状況にはなりません。光ファイバーの中心線（光軸）を寸分の狂いなく合わせることが非常に重要で、少しでもずれていると光が減衰してしまい信号がうまく伝わらなくなってしまいます。

こうした光ファイバーを接続する工程を「調芯」と呼びますが、精密な調芯は、いわば職人技の領域。現在でもまだ熟練者の技術に頼っているのが実情なのです。

しかしＮＴＴは、光ファイバーの誕生当時から研究開発をしており、世界でトップレベルの経験があります。光電融合デバイス分野においても、こうした調芯の匠の技術をもできるだけ自動化するなどして、いち早く量産技術を確立すべく取り組みを進めています。

様々な企業と連携しながらグローバルなエコシステムをつくる

一方で、ＩＯＷＮが進化していっても、ＮＴＴグループだけでコンピューティングを変えていくことはできません。例えば半導体のサプライチェーンは巨大で、非常に多くの企業が関わっています。先ほど光技術は日本が強い分野だと紹介しましたが、世界にはＮＴＴグループと同様、意欲的に光技術の研究を進めている企業もたくさんあります。

そして何より、ＩＯＷＮ構想はＮＴＴだけのものではありません。賛同する世界中のメンバーがそれぞれの得意分野を持ち寄り、力を合わせてつくり上げていくエコシステムです。たとえＮＴＴだけで実現したとしても、機器コストなどは下がりませんし、多くの企業に採用されていくという保証もないのです。

特に半導体チップの開発・製造に向けては、その量産化・大量生産による大規模なコスト削減効果を見込むために、いかに多くのユーザーを事前に引き込んでおけるかが成否を分けるポイントにもなります。

次章では、そんなＩＯＷＮの仲間づくりについて、詳しく見ていきましょう。

第3章

世界のプラットフォームへの仲間づくり

ＩＯＷＮグローバルフォーラムを
インテル、ソニーと共同設立

　ここまで、ＮＴＴがＩＯＷＮをどう位置づけ、今後どのように取り組んでいくのかを中心に見てきました。しかしＩＯＷＮは非常に幅広い分野に及ぶ構想で、ＮＴＴグループだけで推進していけるものではありません。当初から、世界中で賛同していただけるメンバーを募り、協力し合いながら実現していくことを考えていました。

　そこでＩＯＷＮ構想の発表から約7カ月後の２０２０年1月、コンセプトにいち早く賛同していただいた米インテル、ソニー（現ソニーグループ）とともに国際的な非営利団体「IOWN Global Forum」（ＩＯＷＮグローバルフォーラム）を設立しました。団体の本拠地は米国に置き、議長（President and Chairperson）には川添雄彦（ＮＴＴ副社長）が就任しました（図表3-1）。

図表3-1 「IOWN Global Forum」(IOWNグローバルフォーラム)で演壇に立つNTT副社長の川添雄彦(24年4月)

予想を上回る150を超えるメンバーが加盟

本拠地を米国に置いたのは、ＩＯＷＮは日本国内に閉じることなく世界中に広げていきたいと考えたためです。日本国内に設置すると、どうしても「ＩＯＷＮは日本の規格」というイメージが強くなってしまいます。しかしそのコンセプト自体、インテルが共同設立企業として入っていることからも分かるように、国内外を問わずに多くの企業がグローバルで協力

図表3-2　IOWNグローバルフォーラムのメンバー加盟状況（24年9月時点）

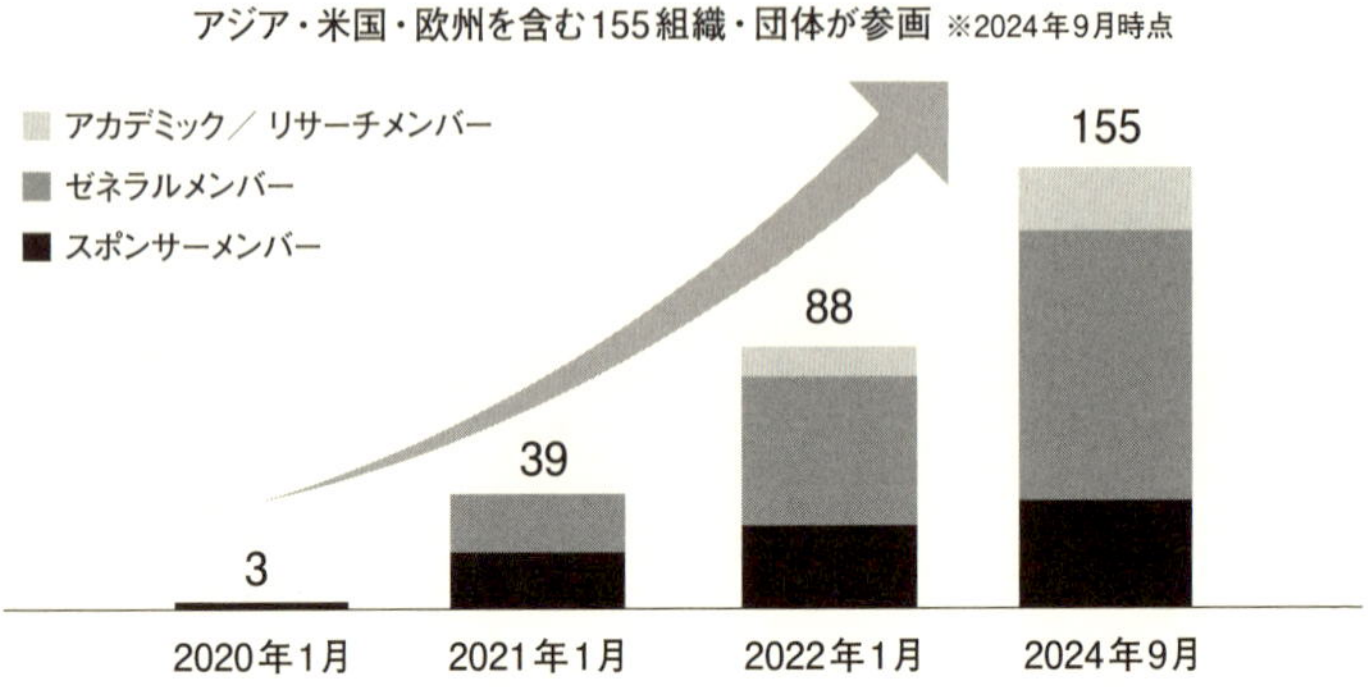

して推進していくべきと納得できるものなのです。

当初からグローバルを意識して進めた成果もあり、フォーラム設立から4年以上が過ぎた24年9月時点で、国内外の名だたる企業や大学など１５０を超えるメンバーがＩＯＷＮグローバルフォーラムに加盟しています（図表3-2）。設立当初は「1年で5社、2年たって30社が加盟してくれたら大成功だ」と考えていました。また「２０３０年に１００社をめざそう」という話もありました。ところが蓋を開けてみると、1年目で39、2年目で88と、予想を上回るペースで増えていきました。日本やアジア、米国、欧州と幅広い地域から参画されていて、事前の想定よりもはるかに多くの方々に期待されていることを実感しています。

加盟メンバーとして、様々な分野の企業や団体が集まっています。例えば通信会社では、日本のＫＤＤＩや楽天モバイル、海外では仏オレンジや台湾の中華電信、韓国のＳＫテレコムなどが参加しています。半導体関連では、創設メンバーの1社であるインテルに加え、韓国のサムスン電子やＳＫハイニックス、ＡＩ（人工知能）で脚光を浴びる米エヌビディアなどもメンバーです。さらに米国のシエナやシスコシステムズ、フィンランドのノキアといった通信機器メーカー、米国のオラクルやレッドハットなどのソフトウエアメーカー、同様に米国のマイクロソフトやグーグルなどデータセンターを運用する事業者が加盟。さらに情報通信研究機構や台湾の工業技術研究院などの研究機関、東京大学や東北大学をはじめとする大学、そして金融、交通、化学、放送など幅広い分野におけるＩＯＷＮの潜在的な利用者となるユーザー企業まで、実に多岐にわたる企業や団体に参加していただいています。

ＩＯＷＮグローバルフォーラムを立ち上げた背景には、この技術を日本国内に閉じた独自規格にさせたくないという強い思いがありました。過去、日本から優れた技術が出てきてもそれが海外の主流とならず、ひっそりと消えていくというパターンが、数え切れないほど繰り返されてきました。ＩＯＷＮは地球全体のサステナビリティの実現に貢献し得る技術ですので、日本国内だけで閉じていても目的は達成できません。できる限りオープンにし、多くのメンバーとともに技術開発や仕様策定、標準化を進めることが重要です。

早期設立に向け毎週会議、結束を強める

そこでより多くのメンバーを得るため、19年5月にＩＯＷＮ構想を発表した直後からＩＯＷＮグローバルフォーラム設立に向けて動き始めました。聞くところによると、通常このような国際団体を立ち上げるには2年ほどの準備期間が必要だそうです。しかし私たちは一刻も早く仲間を募り、この技術を普及させていきたいという思いがありましたので、急ピッチで準備を進めました。

インテル、ソニーの2社に賛同いただいてからは、ＮＴＴを含めた3社で毎週オ

ンライン会議を実施し、月に1回は対面の会議を実施して詳細を詰めていきました。インテルはオレゴン州のポートランド、ソニーはニューヨーク、そして私たちはカリフォルニア州のシリコンバレーにNTTリサーチという拠点を持っていますので、その3カ所を持ち回りで会議を重ねました。そして実際に設立準備を始めてから約3カ月後の20年1月、IOWNグローバルフォーラムの設立にこぎ着けました。

実は、設立発表の翌月、20年2月末に世界最大級のモバイル機器見本市「モバイル・ワールド・コングレス（MWC）」がスペイン・バルセロナで開催されるため、そこでイベントを実施してIOWNグローバルフォーラムを世界に向けて大々的に紹介するという計画を立てていました。ところがちょうどそのタイミングで新型コロナウイルスの感染が拡大し、MWCは開催中止となってしまったのです。開催の直前、本当に2、3週間前というタイミングでした。このため私たちは、一生懸命準備していたIOWNグローバルフォーラムのアピールの機会を失ってしまったのです。さらに4月には東京で第1回のメンバー会合を開く予定でしたが、これも中止になりました。これには本当に困り、「これはダメかな」という思いも頭をよぎりました。

オンライン会議でドキュメント作成、22年秋に初会合

ところが、対面で会議ができないということは、マイナス面ばかりではないことが分かってきました。物理的な移動を伴わないオンライン会議は、頻繁に世界中から関係者が集まり実施できるというメリットがあったのです。1時間ほどオンラインで集まり、そこで出た宿題を各メンバーが持ち帰り、2週間後にまた集まって話し合うという具合に、速いペースで議論を進めることができました。

こうしてIOWNグローバルフォーラムは最初の2年間で、相当な数の技術仕様など多様なドキュメントを作成し、発信することができました。ハイペースでドキュメントを仕上げられたのは、オンライン会議に切り替わったことも理由の1つではないかと思います。

私たちのように設立間もない団体は、スピード感が重要です。通常、通信系の標準化団体などは1つの仕様を策定するのに慎重に会議を重ね、2年くらいかけるこ

とも少なくありません。しかしIOWNグローバルフォーラムのような新興の場合は、加盟したメンバーも2年間何の成果も見えなければ脱退してしまいます。団体の設立と新型コロナウイルス禍が重なったのは不幸な出来事ではありましたが、アウトプットをハイペースで出せたという意味では、うまく対応できたのではないかとも考えています。

IOWNグローバルフォーラムは設立から2年間、オンラインだけで活動してきました。そして22年10月に、初の対面の会合を米国ニューヨークで開催しました。約150人のメンバーが会場に集まり、200〜300人がオンラインで参加するハイブリッドの会合でした。このとき、もう2年ほどオンラインでドキュメント作成などを議論しているメンバーですので声は分かるのですが、顔はよく知りません。ですから発表のために壇上に上がってきても誰なのかがさっぱり分からないのです。ところが話し始めて声を聞いた瞬間に「ああ、あの人か」と分かるという、人生で初めての面白い経験が印象に残っています。

「テクノロジー」と「ユースケース」の2本柱で活動

ここでＩＯＷＮグローバルフォーラムはどのような団体で、どんなことを行っているのかを、もう少し詳しく説明します。この団体が特徴的なのは、基礎的な技術開発や仕様策定を進めるテクノロジー企業と、ＩＯＷＮを自社のビジネスに生かす立場のユーザー企業の両者が加盟している団体であるということです。このため活動も「テクノロジー（技術開発）」と「ユースケース（活用事例の開発）」の２本柱で進めています。

テクノロジー企業とユーザー企業の参加が好循環を生む

世界を見渡すと、各分野の標準化団体、あるいは技術のユーザー団体は数多く存在します。しかしながら、この両方の領域をカバーする団体は珍しいのではないでしょうか。IOWNグローバルフォーラムでは、技術開発とユースケースの両方の関係者が加盟し、連携していくことは非常に重要だと考えています。

テクノロジー企業の多くは、ネットワークやコンピューティングに光技術を導入するのは必然の流れだと捉えている企業が多いようです。フォーラムでは、それぞれ得意とする分野の技術仕様や規格について議論しています。

一方ユーザー企業は「自社・業界の困りごと」の解決をめざしています。「こんな課題をIOWNで解決できないか」とIOWNグローバルフォーラムに投げかけると、テクノロジー企業がここぞとばかり解決に向けたアイデアを出し、実現方法を提案するのです。

こうした流れは、IOWNの技術開発や仕様策定の方向性を定める上で、その技術が社会のどんな課題をどのような形で解決しようとしているのかが具体的に見えるため、大きくプラスに働いています。実際に、幅広い分野のユーザー企業が参加していて、それぞれの業界が抱える課題を参加メンバーと共有しています。数多くの具体的なユースケースについて議論することで、技術に対するニーズが可視化さ

図表3-3　IOWNグローバルフォーラムの活動内容

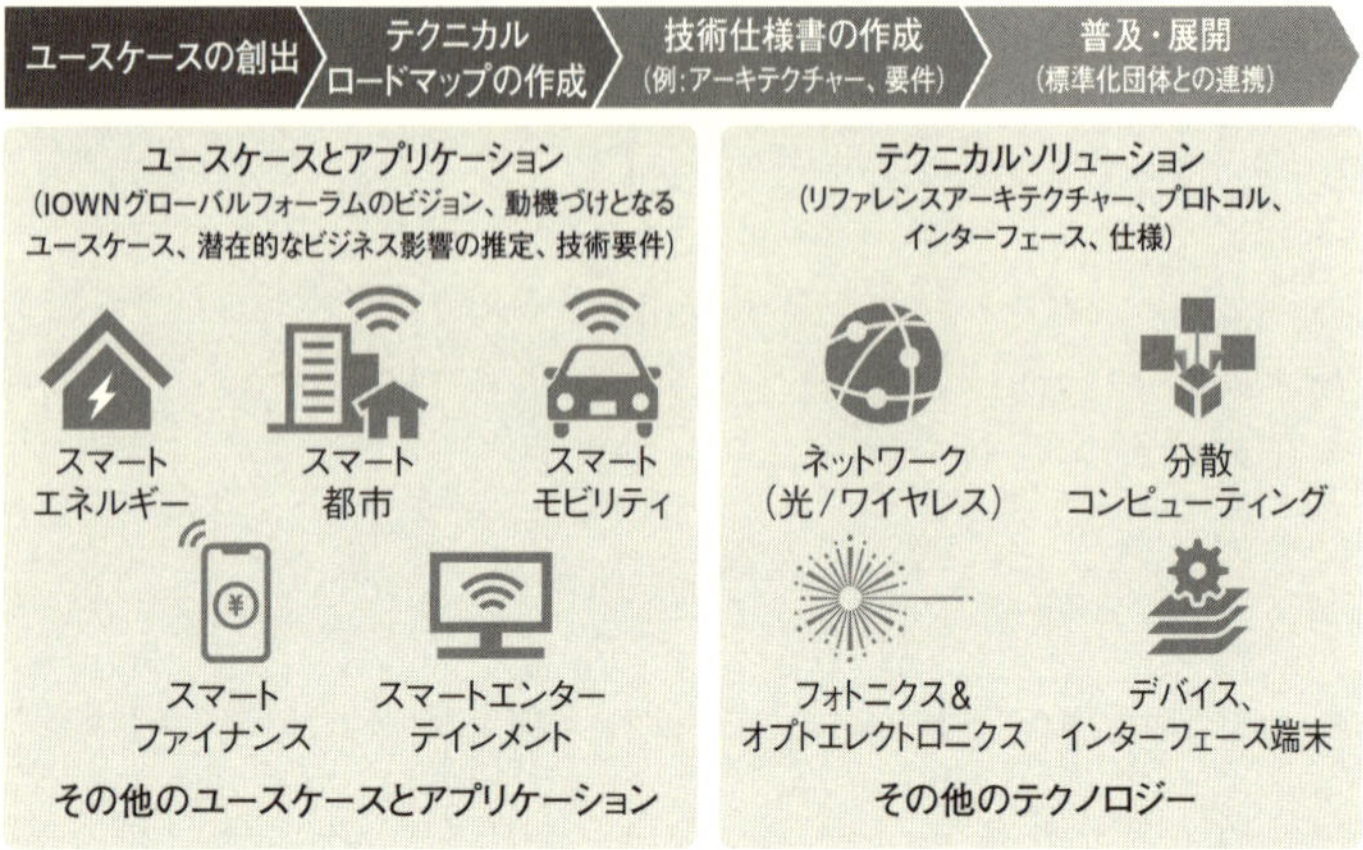

れ、技術開発にも良いフィードバックとなるという好循環が生まれています[1](図表3-3)。

進み始めたコンセプト実証

次に、具体的にどのような技術について議論しているのか、その一端を紹介しましょう。

IOWNグローバルフォーラムでは、これまでフェーズ1、フェーズ2と段階を踏んでロードマップを策定し、活動を進めてきました。22年1月までのフェーズ1については活動の方向性や計画を定める段階と定め、ビジョン策定や主要なユースケースの策定、技術的な基礎フレームワークと検討課題の策定などに注力しました。続くフェーズ2（23年7月まで）ではビジョンやユースケース、アーキテクチャーのアップデートを行うとともに、技術仕様や実装のための標準モデルの策定、「PoC（プルーフ・オブ・コンセプト、概念実証）」を行ってきました。

PoCとは、アイデアや策定した技術仕様が実際に実現可能かどうか、試作や実験を通じて検証するステップです。例えば、第2章で紹介した監視カメラのリアルタイム映像解析もIOWNグローバルフォーラムで認定されたPoCの1つです。コンピューターの構成部品をIOWNでつなぐことで、ハードウエア構成の自由度を高め消費電力も削減する「ディスアグリゲーテッドコンピューティング」が実現可能であり、期待した効果が出せることを実証しました。

より詳しく説明すると、8台の4Kカメラの映像データの人物検知を行うというタスクを、ディスアグリゲーテッドコンピューティングで処理しました。コンピューターの構成部品をIOWNの光電融合デバイス（スイッチ）で接続し、日中と夜間の人の多さ＝人物検知に必要な処理能力の変化に応じて、使用するハードウエア構成を最適化することで消費電力削減をめざしました。その結果、夜間帯では日中帯と比べて約30％の電力削減を達成。また前述したように、従来型構成のコンピューターと比べて約60～70パーセントの電力を削減できることを確認できたわけです。このPoCを含め、フェーズ2では7件のPoCが選定されました。

これらの成果を受け、23年8月以降に開始したフェーズ3では、商用化をにらんだ「社会実装とビジネス展開」をテーマに、IOWN実現に向けた取り組みを推進しています。

実現するユースケースの2分類

IOWNグローバルフォーラムでは、将来の社会で必要になりそうなユースケースを想定し、その実現のためにどんな技術仕様が必要になるかを詳細に検討しています。IOWNを具体的にどのような分野で活用しようとしているのか、その一端を紹介します。

ユースケースは「ＡＩコミュニケーション」と「サイバーフィジカルシステム」の２つに分類されています。前者はＡＩを使い人間のコミュニケーションを強化・拡張するもので、後者は人間の能力を超えて自律的に動作するスマートシティー向けのものです。それぞれの分類における個別のユースケースについて具体的に見ていきましょう。

AIコミュニケーション

1．エンターテインメント分野

「ＡＩコミュニケーション」で考えられているユースケースには、まずエンターテインメント分野があります。例えば、大容量で低遅延というＩＯＷＮの通信サービスの特徴を生かし、さらにＡＩの機能を使うことで、自宅にいながらライブ会場にいるかのような臨場感を味わえる体験の提供をめざしています。

具体的には３６０度好きな角度から鑑賞できる高解像度な映像と音楽を配信し、

アーティストのそばでダンスをしたり、他の観客と交流したりすることも含めた、一体感のある鑑賞体験を実現することなどが想定されています。またライブの運営側が、各所に分散している観客の反応をリアルタイムで分析し、そこでの反応に合わせて仮想ライブ会場を演出できるような仕組みも検討されています。

スポーツ観戦も、音楽ライブと似たユースケースです。自宅や近所のスポーツバーなどで、まるでスタジアムを訪れたかのような臨場感を実現することをめざしています。仮想のスタジアムで他のファンと一緒になって好きなチームを応援でき、ゴールが決まれば世界中のファンの大歓声が仮想スタジアム内に響き渡るといった体験の提供が目標です。

さらに、負荷の高い処理をクラウド側で実行するクラウドゲーミングや、自動運転車の車内などを対象とした移動型のエンターテインメントもユースケースとして想定しています。

2. 遠隔オペレーション

新型コロナウイルス禍により在宅ワークが浸透しましたが、インフラの整備や機械のメンテナンスなど、現場でなければ実行できない仕事も数多くあります。そうした現場でのIOWN活用で想定しているのが、遠隔オペレーションです。具体的なユースケースとしては、作業者のトレーニングの例を想定しています。視覚、聴覚、触覚といった人間の五感をデジタル化し、その情報をリアルタイムで伝送することで、没入型の遠隔トレーニングなどを可能にしていきます。

また機械や電子機器、大きなシステムの故障などでは、トラブル発生時に専門家の対応が必要になる場合があります。そのようなケースでも、AR（拡張現実）などの技術を利用して現場と遠方にいる専門家をつなぐことで、迅速な診断や対応を可能にすることをめざしています。

3. XRナビゲーション

ARやVR（仮想現実）などを総称したXR技術を使い、情報と現実世界とを重ね合わせて表示するような、新たな世界との関わり方も追求していきます。

例えばレストランで食事をするとき、料理に使われている材料やカロリーなどの情報を料理に重ねて表示したり、スーパーマーケットで手に取った食材の調理後のイメージや味、香りを仮想体験したりするような使い方が考えられます。

あるいは観光名所を訪れたとき、XRデバイスを通じて自分の見ている風景や聞いている音、嗅いでいる匂いなどを遠く離れた自宅にいる家族に伝えられるようになるかもしれません。そして目の前の景色に、その場所の過去の映像や、シミュレーションによって描き出された未来の風景を重ね合わせてタイムトラベルを体験するといったことも可能になるでしょう。こうしたXRによるナビゲーションも、IOWNの有望なユースケースの1つです。

4．人間の能力拡張

IOWNグローバルフォーラムでは、人間の能力を拡張する新しいテクノロジーの創造をめざしており、その1つとして提案されているのが「マインド・トゥ・マインド・コミュニケーション」です。

人間にとって異文化とのコミュニケーションは非常に重要ですが、コミュニケーションにおける誤解によってしばしば争いが起きてしまいます。言葉は理解できても、その背景にあるニュアンスが十分に伝わらないことなどがその一因です。そこで言語だけでなく、互いの感情や言葉の暗黙の意味まで含めて翻訳・表現して新しいコミュニケーションの形を実現しようというのが、このユースケースです。遅延を感じずスムーズにコミュニケーションを取るためにはどのような技術仕様が必要なのかも重要になります。

もう1つのユースケースは、自分に関する情報を記録・学習し、自分に変わって意思決定までするデジタルアバター「アナザー・ミー」です。自分の普段のコミュニケーションや健康状態、ゲームのプレー記録などのあらゆる情報を自分自身に代わって記録し、特定の局面においては意思決定までしてくれる「分身」をつくるというものです。現代人は、育児や介護と仕事との両立などのように処理しきれないほどのタスクに直面しています。そんなとき自分と同じように考え、単純なタスクを代わって処理してくれる分身がいれば、自身はより重要で本質的なタスクに時間を割けるようになると考えられます。

サイバーフィジカルシステム

1．エリアマネジメント

今後増えていくスマートシティーでは、画像センサー、高性能センサー「LiDAR（ライダー）」、光ファイバーを用いたセンシングなど、様々なタイプのセンサーによって大量の情報が収集されていきます。これらを統合し、緯度・経度・高度・時間を含む「ライブ4Dマップ」を構築することで、様々な活用事例が生まれます。例えば、AIによるインシデント検知を組み合わせることで、犯罪発生を予測しセキュリティを高めることができるでしょう。災害対策では、センサーが地震発生を検知したら自動的に建物の安全装置を制御し、人々に最適な避難経路を案内するようなシステムも構築可能になります。

このほかにもAIによってエネルギー消費を予測して最適な電力を割り当てる高

度なエネルギー管理、ショッピングモールなどの人出を予測して販売スタッフの増減や在庫調整、価格設定などを行う店舗向けの最適化などもエリアマネジメントのユースケースです。

2．モビリティマネジメント

急速に進化するモビリティ分野においても、今後ＩＯＷＮは重要な役割を果たします。街を走る多数の車両や道路上のセンサーから膨大なデータを収集し、リアルタイムで処理するためにＩＯＷＮのサービスが必要となります。例えば自動運転や車両の遠隔操作では、各車両のセンサーデータを収集・処理して一定時間以内に車両へ指示を出すため、確実で低遅延の通信が必要となります。

また、個別の車両だけでなく、交通全体の最適化も重要です。特に脱炭素社会を実現するためには、交通におけるエネルギー消費の最適化は大きな課題の１つです。センサーの情報を基にリアルタイムで街全体の交通の混雑状況を把握し、現実を仮想空間に再現する「デジタルツイン」を作成してシミュレーションした上で、各車両に最もエネルギー効率が高いルート情報を提供していくことなどがユースケースとなります。また車両に搭載されたバッテリーは電力の一時貯蔵装置としても機能するため、発電計画との連動も今後検討する必要があります。そこでのＩＯＷＮの活用も見込まれます。

3. 産業マネジメント

ドイツ発の産業政策「インダストリー4・0」などで広がったデジタル化の進行に伴い、工場では人やモノ、機械、設備などの遠隔監視の必要性が高まっています。例えば、生産ラインにおける異常を早期発見し、原因を分析して迅速に対応していくためには、4Ｋや8Ｋといった高精細な監視カメラを複数台設置し、そのデータをＡＩ処理して異常検知するシステムなどが必要です。そうしたユースケース実現のためＩＯＷＮグローバルフォーラムでは、監視カメラの大容量データをリアルタイムで伝送・処理するためにはどんな仕様が必要なのかを検討しています。

また、化学プラントの自動化も大きな課題の1つです。プラントは、老朽化に伴うメンテナンスコストの増加やメンテナンス人材の不足、各地域やグローバルにおける規制への対応など様々な問題に直面しています。プラントには多くの配管や専門的な設備があり、そのメンテナンスのためには膨大な検査項目の確認が必要です。様々なセンサーを用いて設備の状態をリアルタイムで把握していくことで、プラントのメンテナンスに関わる作業を自動化していくことが求められており、そこでのＩＯＷＮの活用が見込まれています。対象には設備の監視に加え、ドローンやロボットを使用したメンテナンスも含まれます。また将来的には、サプライチェーンも含めたプラント産業全体のデータマネジメントにまで対象領域を拡張することも想定されています。

この他、電信柱や地下・海底ケーブルなども含めたネットワーク設備のマネジメント、大規模感染の予測などを行うヘルスケアマネジメント、次世代送電網における電力需給の予測や制御を行うスマートグリッドマネジメント、持続可能な社会を構築するために社会をシミュレートし、個人や政府の最適な行動を導くソサエティーマネジメントなどのユースケースが想定されています。

ＩＯＷＮグローバルフォーラムがめざす将来とは

このように、ＩＯＷＮグローバルフォーラムには幅広い分野から様々な立場の企業が集まり、仕様策定からユースケースの開発まで、多数の活動が活発に繰り広げられています。繰り返しになりますが、これは立ち上げ当初の私たちの予想を大幅に上回る状況で、それだけＩＯＷＮ構想に対する世界的な期待が高まっているということだと受け止めています。

ではＩＯＷＮグローバルフォーラムは、今後どのようになっていくのでしょうか。フォーラムの一員として、私たちがめざしている将来を紹介します。

基本的には、設立からまだ4年余りという非常に若い団体であり、引き続きメンバー獲得に注力するとともに、早くから加盟していただいた既存メンバーの満足度を高めていくということが非常に大切になります。

早期のビジネス立ち上げが説得力を高める

そのカギになると考えているのが「有望なユースケースをいかに増やしていくか」です。IOWNが実際の社会課題にどのように役立つのかを実例として示してその有効性を実証することが、何よりも説得力を持ちます。23年にAPN IOWN1・0を商用サービスとして提供開始し、25年度にはIOWN2・0も実現予定です。様々な分野で実際にビジネスを立ち上げ、ユースケースを増やしていくことこそが、現在最も必要なことだと考えています。

またIOWNは非常に幅広い分野に関わるため、IOWNグローバルフォーラムだけではすべてをカバーしきれません。そこで単独ですべてを決めていくのではなく、米リナックス財団（オープンソースを通じた大規模イノベーションの実現に取り組む非営利団体）や「OpenROADM」（オープンローダム、光伝送ネットワーク装置の機能を相互接続するオープンな仕様を策定する団体）、テレコム・インフラ・プロジェクト（TIP、米メタが主導して設立した通信インフラの変革をめざす非営利団体）、オプティカル・インターネットワーキング・フォーラム（ＯＩＦ、光ネットワーク技術に関する業界団体）といった近い領域の業界団体などとも連携していくことを考えています。

ＩＯＷＮがめざす将来を実現するためには、多くの仲間が必要です。その仲間としては、技術開発をするテクノロジー企業だけでなく、ＩＯＷＮを活用して業界や社会の課題を解決するユーザー企業が非常に大切です。１社でも多くの企業や組織、団体の方々にＩＯＷＮグローバルフォーラムに興味を持っていただき、一緒に未来を切り開く仲間になっていただければと願っています。

キーパーソンが語る IOWNグローバルフォーラム

持続可能な未来のために

台湾・中華電信 社長
林榮賜氏
Rong-Shy Lin,
President,
Chunghwa Telecom

台湾の通信会社である中華電信の社長であり、長年高速通信規格5GやAI、ビッグデータ、クラウドコンピューティングなどの領域を担当。企業のデジタルトランスフォーメーション（DX）、情報と通信技術の融合、アジャイルな企業文化の育成を推進してきた

（写真：中華電信）

●めざすは持続可能な成長と環境負荷の軽減の実現

中華電信は2020年の4月というかなり早いタイミングでIOWNグローバルフォーラムに参加しました。私たちは台湾最大の統合通信会社で、高品質で革新的なICT（情報通信技術）サービスの提供をめざしています。次世代の通信およびコンピューティングインフラの実現に向けて、現在の通信ネットワークには、まだ帯域幅や遅延などの改善の余地があります。これは、主に光信号と電気信号の変換やネットワーク機器の遅延が原因です。またビッグデータ処理やクラウドコンピューティング、AIなどによってデータセンターにおけるリソースへの要求が急増し、エネルギー効率の向上は世界的な課題となっています。

中華電信のビジョンの1つは、持続可能な開発において国際的なベンチマーク企業になることです。そして、このビジョンを達成するためには、次世代の通信およびコンピューティング技術が必要です。IOWNグローバルフォーラムが提案するAPN（オールフォトニクス・ネットワーク）やDCI（データセントリックインフラストラクチャー）といった高速大容量、低遅延、低消費電力を実現する技術は、中華電信の持続可能な成長と環境負荷の軽減に大きく貢献すると考えています。

IOWNグローバルフォーラムのビジョンを実現するには、技術検証や標準化、技術仕様の策定など、まだ解決すべき課題が数多くあります。これらの課題に対応していくために、フォーラムに参加する幅広い分野の専門家たちが協力し、共同研究や議論を進め、ICT技術とアプリケーション・サービスを一体として開発していく必要があります。

●ブランド精神にのっとり革新に挑戦

私たち中華電信は「Always Ahead（常に最前線に立つ）」というブランド精神にのっとり、幅広い分野のワーキンググループに参加し、IOWNグローバルフォーラムで積極的に活動しています。例えば23年10月には良き友人であるNTTと国際ネットワーク接続の実現に向けた基本合意書を締結し、日本－台湾間をIOWNのAPNやDCIの技術で接続するという実証を24年8月に開始したこともその1つです。

また撮影画像から3次元空間を再構成するボリュメトリックビデオを使った、没入感のある映像体験の開発などにも取り組んでいます。こうした技術デモンストレーションに取り組むことで、技術の限界を押し広げ、さらにIOWN技術の開発と実装を加速したいと考えています。

●私たち自身と未来の世代のために

私たちは革新的な技術を生み出すために、IOWNグローバルフォーラムに参加しています。また、そのために私たちはソフトウエアやハードウエアのサプライヤー、サービスプロバイダー、学術機関や研究所などをIOWNグローバルフォーラムに招待し、ビジョンを現実にするために協力しています。

技術の急速な進歩により、多くの産業において、よりスマートで、持続可能で、効率的な通信インフラが必要不可欠になっています。これを実現するために重要な役割を果たすのがIOWNグローバルフォーラムです。テクノロジー、通信、エレクトロニクスなど、様々な業界の参加なくして、この目標を達成することはできません。

私たちのコミュニケーションや情報のやり取りを一変させるようなイノベーションを起こし、スマートな世界をつくる。これは崇高なビジョンです。だからこそ私たちは、このビジョンを共有する、心あるパートナーの参加を必要としています。互いに力を合わせれば、私たちはともに未来に誇れるインテリジェントで安全な通信およびコンピューティングインフラを構築し、私たち自身と未来の世代のために、より良い世界を創造できる。そう私は信じています。

キーパーソンが語る IOWNグローバルフォーラム

強いリーダーシップを期待したい

仏オレンジイノベーション 副社長

ジル・ボードン氏

Gilles Bourdon,
Vice President Wireline Networks Infrastructure,
Orange Innovation

フランスの通信会社であるオレンジの有線ネットワーク・通信設備を担当するオレンジイノベーション副社長として、光ファイバー網から無線LANやルーターといった家庭内のネットワークまで、幅広い分野を担当。またグループの全体のイノベーションを推進している

（写真：オレンジイノベーション）

●欧州の通信事業者としていち早く参加

オレンジは、IOWNグローバルフォーラムの設立からは少し遅れましたが、欧州の通信会社の中では最初にスポンサーメンバーとしてフォーラムに参加しました。NTTとは様々なパートナーシップを結んでいたこともあり、私たちは当初からIOWNに強い関心を持っていました。そしてIOWNグローバルフォーラムについての説明を聞き、IOWNの方向性は間違いなくオレンジのビジョンと一致すると確信しました。

また私たちが欧州企業だということも重要でした。私たちが参加することでIOWNグローバルフォーラムに欧州の視点を取り込むことができるからです。今振り返れば、もっと早く参加しておけばよかったと思うくらいです。

●ビジョン達成にはブレークスルーが必要

私たちはIOWNグローバルフォーラムの活動を通じ、より高いパフォーマンスと、より高いエネルギー効率の達成をめざしています。それを実現するには、これまでの技術進化のペースを超えるような技術的なブレークスルーが必要であり、業界全体で共通の目標に向かって努力する必要があります。

ブレークスルーの手段として、私たちはAPN（オールフォトニクス・ネットワーク）と呼ばれる光ネットワークの構築をめざしています。光伝送はかなり以前から存在している技術ですが、従来の光伝送には運用の柔軟性が低いという弱点がありました。APNでは、より柔軟に相互運用できる光ネットワークの構築が可能になります。

IOWNグローバルフォーラムではいくつものユースケースを定義していますが、これらを実現するためには、光以外に選択の余地はありません。機器メーカーも含め、通信業界全体でAPNを推進していく必要があると思います。

●まずネットワークのデジタルツインを推進

私たちはAPNのアーキテクチャーやユースケースに幅広く取り組んでいますが、中でも初期の事例の1つにしたいと考えているのが、ネットワークのデジタルツイン（現実を仮想空間に再現する仕組み）です。先ほど既存の光ネットワークには柔軟性がないと言いましたが、それはネットワークには数多くの隠れた変数があり、調整が非常に複雑だからです。そこで実際のネットワークからすべての変数を取得し、デジタルツイン上で再構築すれば、様々な状況をシミュレートして最適な運用ができるようになります。

光ファイバーの利用者、携帯電話の基地局など、ネットワークには多くの要素が存在します。そして通信のたびに電気から光へ、光から電気へと何度も変換され、その都度多くのエネルギーを消費します。ですから通信の一方の端から反対の端まで、できる限り継ぎ目のない光接続をめざしています。その実現のために、デジタルツインは重要なステップです。

●通信会社が担うべきリーダーシップ

NTTは力強くIOWNグローバルフォーラムをリードしてくれていると、私は実感しています。議長の川添（雄彦NTT副社長）さんと話すと、いつも彼のIOWN

に対する信念とビジョンの力強さを感じます。

IOWNグローバルフォーラムには、大きく分けてユーザー、機器ベンダー、オペレーターの3つの世界があります。中でも機器ベンダーは、非常に活発に活動し、とてもいい仕事をしていると思います。ただネットワークの在り方についてのビジョンは、やはりオペレーターである通信会社が主導権を握るべきでしょう。その意味で、引き続きNTTが力強いリーダーシップを発揮してくれることに期待したいと思います。

第4章

IOWNが実現する未来

ＩＯＷＮ×ＡＩ

本書ではこれまで、ＩＯＷＮとは何か。その現在地や技術的な進化の方向、世界における仲間づくりなどについて見てきました。第４章では未来に目を向け、ＩＯＷＮが今後どのような未来を実現するのかを紹介していきます。

ＡＩが抱える課題の解決の糸口とは

最初に紹介したいのが、ＩＯＷＮとＡＩ（人工知能）とを組み合わせることで実現する未来の姿です。

これまで何度か紹介してきた通り、私たちの社会の電力消費は急激に増えています。その大きな要因の１つが、ＡＩの普及です。２０２２年11月に米オープンＡＩが公開した「ＣｈａｔＧＰＴ」は、まるで人間と見分けが付かないほどの文章生成能力を持ち、それまでのAIに対する見方を一変しました。

例えば、部下や友人に依頼するかのような話し言葉でChatGPTに指示を出すと、文章やキャッチコピーの作成から長文の要約、翻訳、表の作成、数値の分析など、様々なタスクを瞬時にこなしてくれます。しかもその回答は、タスクの内容や指示の出し方によっては、人間の回答と遜色ないほど高品質なケースも少なくありません。ChatGPTはあっという間にビジネス活用を中心に世界中で広まり、わずか2カ月で利用者数が1億人を突破するという、ウェブサービスとしては史上最速となる驚異的なペースで普及しました。

そうしたChatGPTを追うように、グーグルやメタなど米大手テック企業も同様の生成AIを進化させ、AIの開発競争は激化しています。そしてAIの急速な発展の裏で起きているのが、これまでも触れてきたデータセンターにおける計算量の急激な増加です。

ChatGPTをはじめとする生成AIは、大規模言語モデル（LLM：Large Language Model）と呼ばれる仕組みを基盤として推論などの処理を行います。この大規模言語モデルをつくるには大量の文章や書物に含まれるテキストデータを深層学習（ディープラーニング）する必要があり、構築には膨大な計算が必要になります。大規模言語モデルの大きさ（規模）は「パラメーター数」と呼ばれる数値で表すことができ、当初ＣｈａｔＧＰＴに用いられていた「ＧＰＴ-３」のパラメーター数は１７５０億だと明らかにされています。序章などでも触れたように、このＧＰＴ-３の大規模言語モデルを構築するには原発１基を１時間稼働させる（１０００メガワット時）よりも多い約１３００メガワット時[1]の電力が必要です。さらに23年に公開された「ＧＰＴ-４」のパラメーター数は１兆個を超えるといわれ、ＧＰＴ-３をはるかに上回る規模になっています。

またメタは24年7月、最大４０５０億のパラメーター数を持つ「Ｌｌａｍａ３・１」を発表しました。このようにＡＩの性能競争は、いかに大規模化するかの競争になっている側面があるのです。すでに現在、パラメーター数の競争は「Ｂ」（ビリオン、10億）から「Ｔ」（トリリオン、１兆）の単位に移行しているという状況です。

大手テック企業以外にも、数多くの企業が独自ＡＩの開発を手がけており、その電力消費は今後も急速に伸び続けることが予想されます。しかし、地球上には無尽蔵に電力があるわけではなく、電力供給はどこかで頭打ちになると考えられます。また太陽光や風力をはじめとする再生可能エネルギーが増えているとはいえ、まだ世界の多くの国が化石燃料に頼っている現状では、電力消費の増加はCO_2排出量の増加に直結してしまいます。

これから気候変動などに立ち向かうには、エネルギー消費をできるだけ抑えていかなくてはなりませんが、ＡＩはその阻害要因となります。一方でサステナブルな社会を実現していくには、ＡＩの進化をはじめとする、イノベーションが必要です。このように急激な進化を続けるＡＩを巡って、人類は相反する課題に直面しているのです。

繰り返しになりますが、そうしたＡＩが抱える課題の解決の糸口となるのがＩＯＷＮです。ＩＯＷＮの最終目標の１つは、光電融合デバイスによる情報通信機器などの「電力効率１００倍」の実現です。単純化して考えれば、現在と同じ性能のＡＩを１００分の１の電力で実現できるのです。

さらにIOWNは、電力消費を抑えること以外でも、今後のAIの進化を支える重要な基盤になると私たちは考えています。将来的に私たちがIOWN×AIでどんな世界を描いているのか、以下で具体的に紹介していきます。

NTTの独自大規模言語モデル「tsuzumi」とは

まず、NTTが開発しているAIのことから話を始めましょう。私たちは生成AIの基盤となる独自の大規模言語モデル「tsuzumi」を開発し、24年3月に商用サービスを開始しました。このtsuzumiには、「軽量」「日本語に強い」「柔軟にカスタマイズできる」「マルチモーダル」といった4つの特徴があります。

1つ目の特徴は「軽量」であること。tsuzumiには「軽量版」と「超軽量版」の2種類があり、そのパラメーター数はそれぞれ70億と6億です。前述のGPT-3クラスの大規模言語モデルと比べると、軽量版は約25分の1、超軽量版は約300分の1とコンパクトで、その分電力消費や学習コストなどを抑えることができます。また大規模言語モデルは構築時だけでなく、利用するときにも「推論」

と呼ばれる計算を実行する必要があります。tsuzumiはこの推論コストもGPT-3クラスと比べて約20分の1（軽量版）、約70分の1（超軽量版）と大幅に低減できます。

パラメーター数が少ないということは性能も低いのかと思われるかもしれませんが、単純にそういうわけではありません。これはAIとしてのめざす方向性の違いが関係しています。

ChatGPTをはじめとしたAIが、大規模言語モデルの学習量を増やした「なんでも知っている巨大なモデル」であるとすれば、tsuzumiは「専門知識を持つ小さなモデル」です。特定の業界や専門領域の知識に特化して学習することで、学習量は少なくとも質の高い回答を期待できます。あらゆる領域に対応できるゼネラリストではなく、特定の領域に強いスペシャリストをめざすのがtsuzumiです。

また学習するデータの違いも性能に影響します。米国で開発されたChatGPTなどでは学習するデータも英語中心になりますので、日本語のデータは少しの割合しか含まれていません。一方日本生まれのｔｓｕｚｕｍｉでは、日本語学習データの質と量を向上させるというアプローチを取り、高い日本語処理能力を実現しています。

こうしたことを含め、ｔｓｕｚｕｍｉの２つ目の特徴は、「日本語に強い」ということです。大規模言語モデルの開発には自然言語処理研究が重要ですが、私たちＮＴＴには、この分野を40年以上にわたって研究してきた蓄積があります。例えばＮＴＴの22年におけるＡＩ分野の論文数ランキングは世界12位、国内では１位です[2]。また日本語の自然言語処理分野の実績も世界トップクラスで、言語処理学会においても直近10年間の優秀賞授賞件数は企業の研究機関の中で１位となっています。

ｔｓｕｚｕｍｉはこのような自然言語処理に関する長年の研究の蓄積を生かすことで、特に日本語処理については各種ベンチマークテストで高い性能を確認しています。

図表４-１は、生成ＡＩ向けのベンチマーク「Ｒａｋｕｄａ」による性能比較結果です。ＲａｋｕｄａはＧＰＴ-４を使って２つの大規模言語モデルの出力結果を判定

図表4-1　NTTの独自大規模言語モデル「tsuzumi」の日本語性能比較：Rakudaベンチマーク

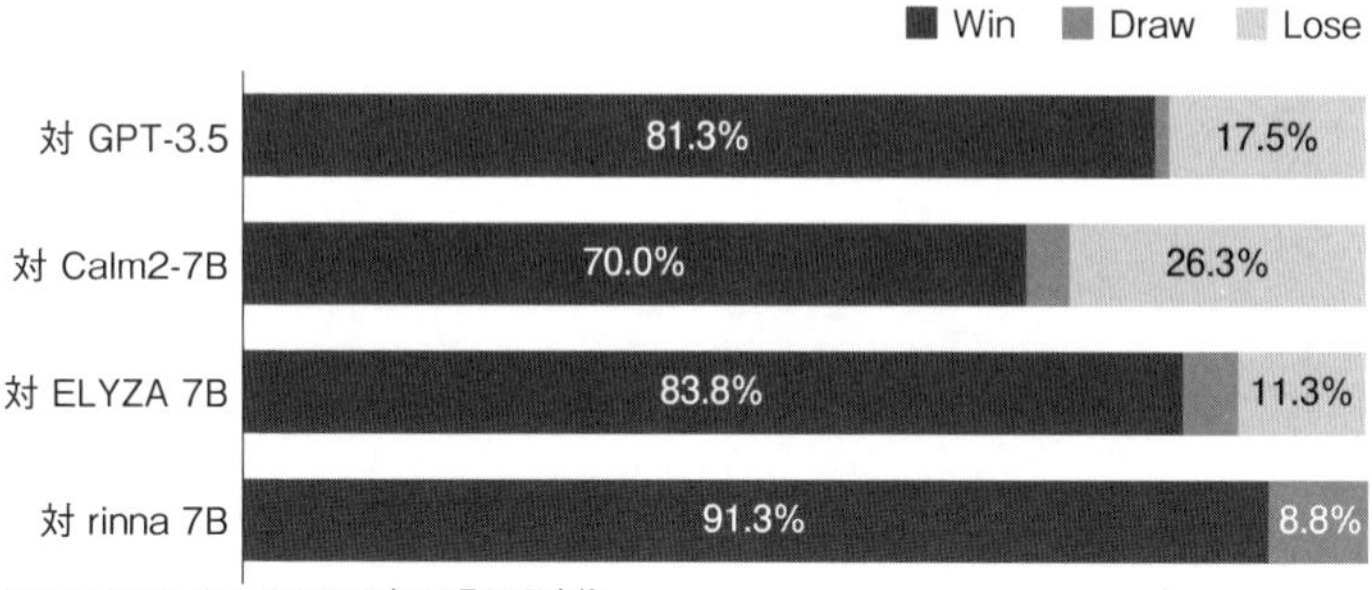

※Rakudaベンチマーク：2023年10月22日実施
日本の地理・政治・歴史・社会に関する40問の質問、GPT-4による2モデルの比較評価（40問×提示順2）で採点
llm-jpを除くモデル出力はサイトにアップロードされているものを利用、llm-jpはhuggingfaceのモデルカード記載の設定による
入力の繰り返しおよび終端トークンは後処理により除外した
評価スコアは、23年9月27日付リーダーボード記載の全モデルとtsuzumi-7bをGPT-4による2モデルの比較評価を行い、Bradley-Terry strengthsにてランキングした結果

するもので、文章の構成や流ちょうさも含めた総合的な日本語処理性能が評価されます。ｔｓｕｚｕｍｉの軽量版と各種ＡＩを比較した結果、「ＧＰＴ-３・５」には８割以上、サイバーエージェントの日本語大規模言語モデル「Ｃａｌｍ２-７ｂ」には７割の勝率を上げるなど、日本語性能においては世界トップクラスの性能を確認しています。

３つ目の特徴は、「柔軟にカスタマイズできる」ことです。ｔｓｕｚｕｍｉは、事前学習済みの基盤となる大規模言語モデルに、追加学習した「アダプタ」と呼ぶ小型モデルを組み合わせることで、特定の業界の知識や言語表現などを追加していくことができます。

例えば業界で一般的に使われる用語や知識を学んだ業界特化型のアダプタや、特定組織の業務プロセスやルールを学習した企業・組織特化型アダプタなど、利用ユーザーやシーンに応じたアダプタを用意することで、業務内容に応じたきめ細やかなカスタマイズを低コストで実現できます（図表4-2）。

また基盤モデルに追加するアダプタを利用シーンに応じて切り替えたり、組み合わせたりできる「マルチアダプタ」機能も実装しています。営業用のアダプタ、研究開発用のアダプタ、マーケティング部用のアダプタなどを切り替えたり、組み合わせて相乗効果を生み出したりすることで、より高い精度を実現可能です。

タスクを限定したカスタマイズにより性能を向上させたtsuzumiは、初期状態のGPT-3・5やGPT-4と比べると、日本語性能においてそれぞれ約7割と約5割のタスクで上回ることができました。

そして4つ目の特徴は「マルチモーダル」、つまり言語だけでなく視覚や聴覚な

図表4-2　様々なチューニングを可能にするtsuzumi

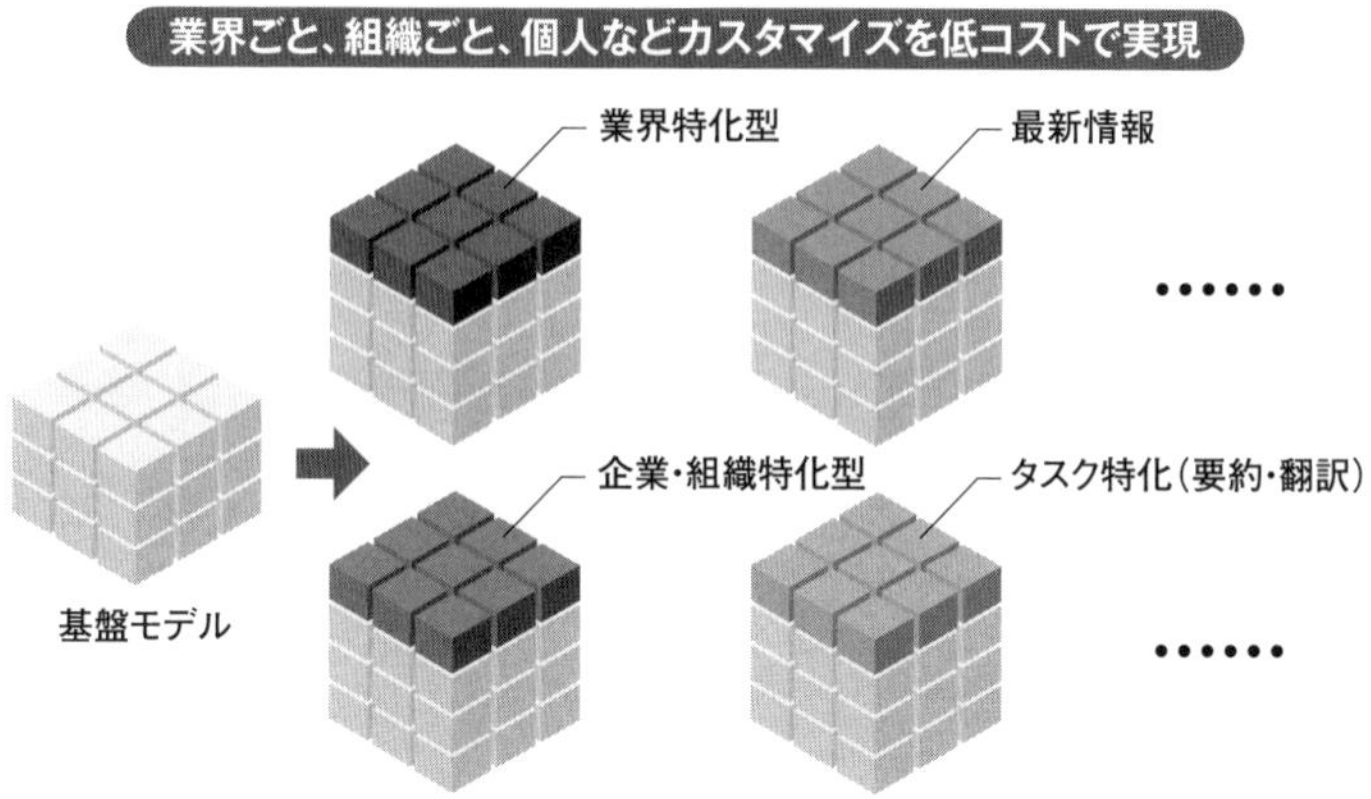

ど複数種類のデータに対応するということです。現段階では視覚や聴覚と言語の組み合わせを理解することが可能で、グラフや図解などの画像を読み解き返答することが可能になっています。

例えば、NTTグループの温室効果ガス排出量を時系列で示した図をtsuzumiに見せて、「2040年のIOWNの電力消費量削減の割合は何%でしょうか」という質問を投げかけると、「▲45%」といった回答を返します（図表4-3）。

また言語に身体性を組み合わせる研究も進めています。具体的にはtsuzumi

図表4-3　tsuzumiに温室効果ガス排出量の図を見せて2040年のIOWNの電力消費量削減の割合を尋ねた結果

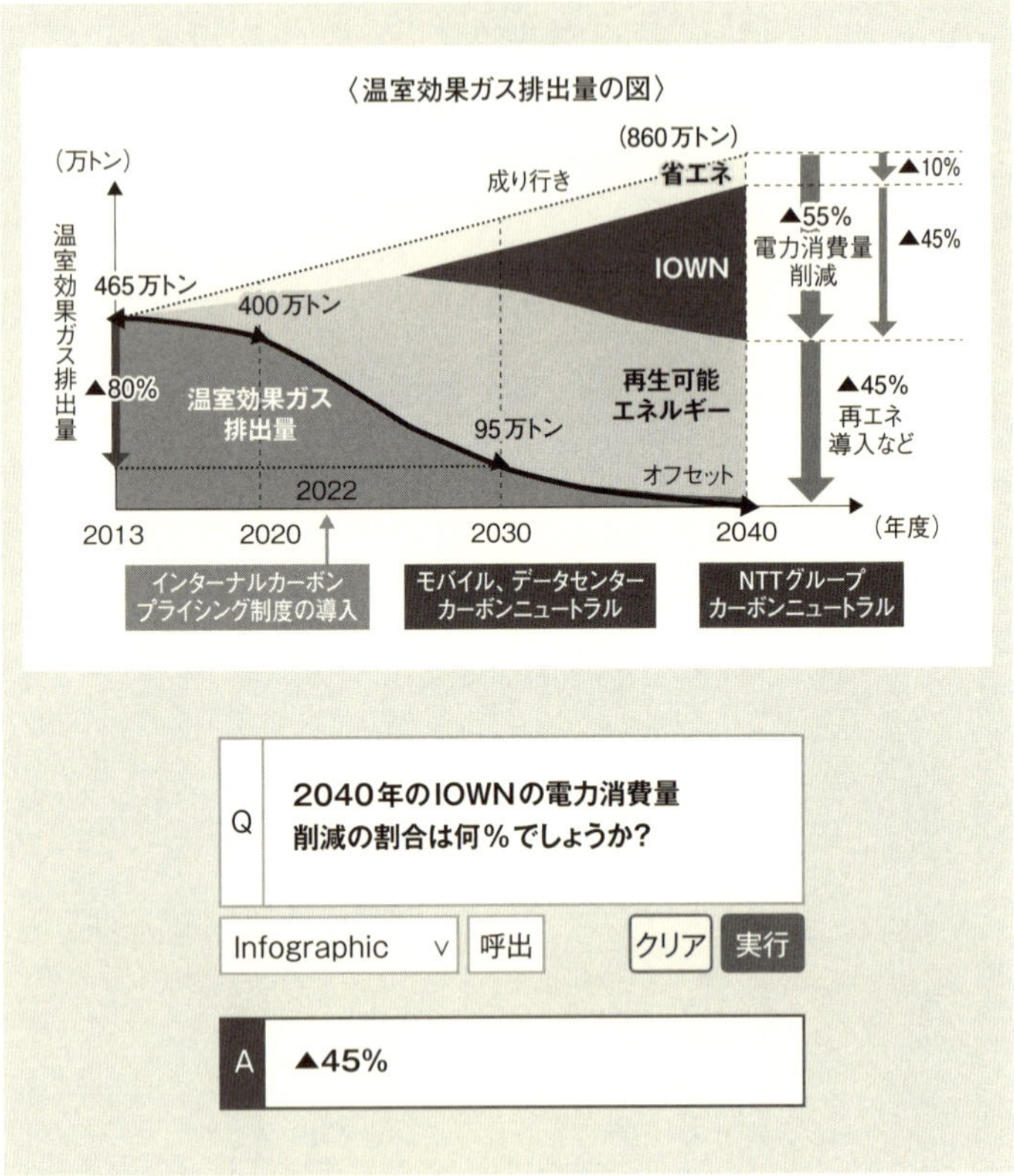

をロボットに搭載し、身体感覚を持たせるという研究です。私たちが作成したデモンストレーションは、「寒い冬の日に温まるような料理を並べた夕食のテーブルをセットしてください。配膳は左利きを意識して」という指示を出すと、ｔｓｕｚｕｍｉロボットが内容を分析し、体が温まるカレーを中心に、サラダや春巻きなど栄養バランスや季節感も考慮した献立を考案。それぞれの料理を選んだ理由を言葉で説明しながら、実際に配膳していき、その際には左利きの人が使いやすいよう箸やスプーンは左右逆に配置するといったものでした。

ＡＩにも多様性が必要

ｔｓｕｚｕｍｉは日本語に特化し、カスタマイズを可能とすることで、軽量でありながら特定分野で高い性能を出すことに成功しました。このように軽量なモデルを組み合わせていく方向性が、今後のＡＩ開発では重要になると私たちは考えています。

その理由の１つは、性能向上の狙いやすさです。複数の軽量なモデルを融合（マージ）して新たな大規模言語モデルを開発する方が、1つの巨大なモデルを開発するよりも性能向上しやすいという研究[3]もあります。

さらに重要なのは、「多様性」の確保です。専門性を持つ軽量AIを組み合わせることで、AIに多様性を持たせることができるのです。第1章でも紹介した通り、大規模言語モデルは過去の膨大なデータを学習し、確率論的に最適解を導き出すというアプローチでつくられています。では、もし世界中のデータを学習した1つの巨大なAIが答えを出したら、それに反論することはできるでしょうか。仮にその答えが間違っていたときに、誰かが気づくことはできるのでしょうか。

人類は多様性を認め合い、互いの立場から議論することで誰にとっても最善の社会をつくろうとしています。それと同様に、AIがさらに進化して人間の生活に浸透してくるのだとすれば、AIの世界にも絶対的な存在をつくるのではなく多様性が必要になるでしょう。それぞれ特徴や専門分野を持った多様なAIが連携・協調し、様々な立場から議論しながら答えを導き出す。AIの力を活用して社会課題を解決していく上では、そんなアプローチが望ましいはずです。

図表4-4　NTTがめざすAIの未来「AIコンステレーション」

・何でも知っている1つの巨大LLMではなく、専門性や個性を持った小さなLLMの集合知による社会課題解決
・大量のLLMの連携基盤としてIOWNが重要になる

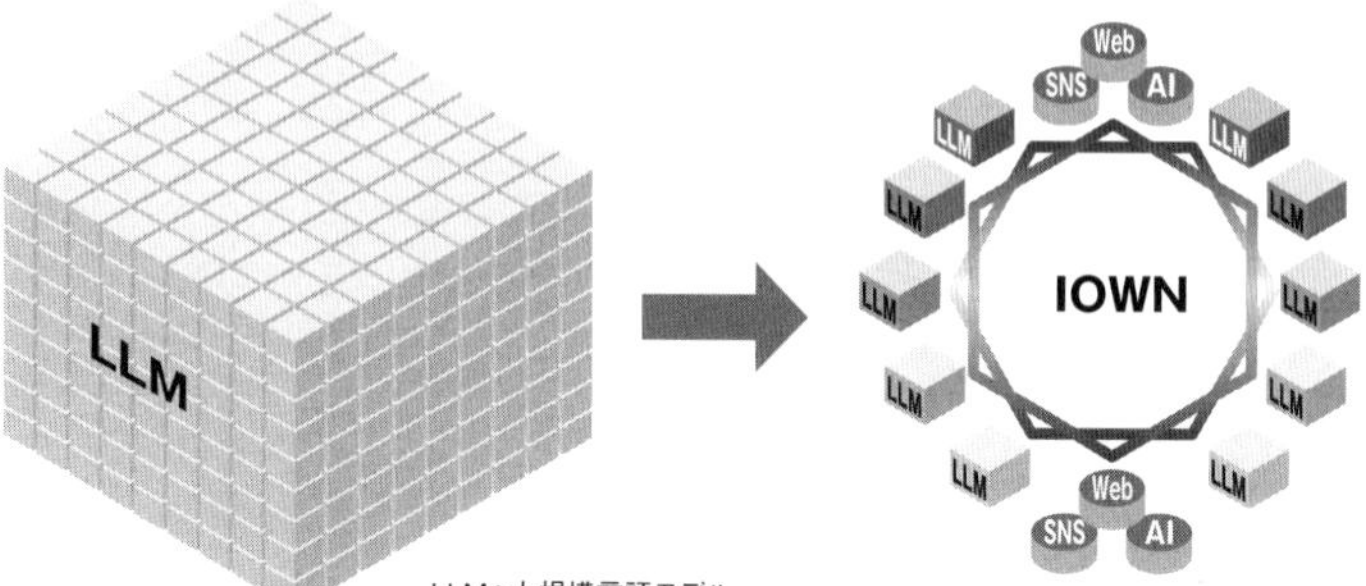

LLM：大規模言語モデル

そこで私たちは何でも知っている1つの巨大で大規模なＡＩではなく、専門性や個性を持った複数の多様で小さなＡＩが連携・協調し、その集合知によって社会課題を解決していくというビジョンを掲げ、これを「ＡＩコンステレーション」と名付けました。現代社会が民主主義として実施しているプロセスをＡＩにも適用した、いわばＡＩの民主化です（図表4-4）。そして、そうした大量のＡＩの連携基盤として、ＩＯＷＮが大きな役割を果たすのです。

AIコンステレーションは過程を可視化する

ＡＩコンステレーションには、「プロセスが見えやすい」というメリットもあります。１つの大きなＡＩにすべてを任せてしまうと「なぜその答えにたどり着いたのか」が見えにくくなってしまいます。ＡＩに何か指示を与えると回答が出てきますが、基本的にその間にどのような思考が行われたのかはブラックボックスです。たとえ開発者であっても、なぜその答えが出たのかを説明することは困難です。

最近はオープンＡＩがＧＰＴ-４の思考を１６００万個の解釈可能なパターンに分解する[4]などＡＩの思考を理解するための研究もありますが、まだ始まったばかりです。つまり、もしＡＩの思考に偏りや誤りがあったとしても、それを評価・修正することはまだ困難です。また現在のＡＩは人間が作成した文章を用い、人間が「正解」を教えるという仕組み上、どうしても人種や文化、性差など人間社会に存在する偏りを排除できません。設計者の思想も色濃く反映されやすいといわれています。

しかし複数のAI同士を連携させる方式であれば、多様な背景を持つAIに多面的に議論させ、意思決定することができます。その際、AI間でどのようなやり取りが行われたのかを可視化することもできます。もちろんAI同士の議論は、人間の会話とは比べものにならない速度で、おそらく一瞬の間に数千回、数万回というやり取りが行われるでしょう。しかし後からその過程を順に振り返れば、最終的な答えにたどり着くまでに何が話し合われたのか、人間が過程を確認することが可能です。このため、疑問が生じるような結論であっても、議論の過程でおかしなところがないか検証して結論の正当性を確認したり、おかしなところがあればそれを正して再度議論させたりすることができます。こうして結論の精度や納得性を高めることが可能になるのです。

このほかAIコンステレーションの開発に関してNTTは、23年11月にAI開発スタートアップのSakanaAIと連携協定を締結しました[5]。同社はグーグルのAI研究における日本部門統括として研究を主導してきたデビッド・ハ氏と、現在の生成AIの基礎となった「トランスファーモデル」を提案した有名な論文の著者の1人であるライオン・ジョーンズ氏という世界のＡＩをリードするトップ人材が東京で設立した会社です。ＮＴＴとＳａｋａｎａ ＡＩは、ともに「小型で多様なＡＩ同士が協調する」という共通のＡＩコンステレーションのビジョンを持つことから連携に至りました。

Ｓａｋａｎａ ＡＩは、まるで魚の群れのように小さなＡＩの〝群れ〟を作り、自然界の進化をお手本としてより優れたＡＩを生み出すという革新的なＡＩの開発手法を追求しています。一方ＮＴＴには、40年以上研究を続けてきた自然言語処理技術やＩＯＷＮの先端技術があります。

こうした両者の技術やスキルを合わせて、現状の大規模ＡＩモデルで課題となっている膨大な電力消費などを抑えた、より効率的な連携を可能にするＡＩコンステレーションを実現しようとしています。これにより、省電力化などによる環境負荷の低減だけでなく、今までにない知識・価値を生み出し複雑な社会課題解決を図るなど、サステナブルな生成ＡＩ社会の実現に向け、共同で研究を進めています。

多数のAIを効率よく連携

さて、AIに関する話が長くなりましたが、AIコンステレーションのような大規模な分散システムをつくるときの昔からの課題が、「どうやって正しく同期を取るか」です。大量のAIを連携させて高速で稼働させるためには、各システムが信号を送るタイミングをぴたりと合わせてやり取りの無駄をなくすことが非常に重要です。ところが従来のインターネットでは回線状況などにも影響され正確な時刻同期も取れないため、高い精度でタイミングを合わせて効率よく連携させるといったことが困難です。そこで、光技術をベースに非常に安定した高速通信を可能にし、さらに正確な時刻同期の機能なども備えるというIOWNの長所が生きてきます。

人間同士でも、10人が1つの部屋に集まって、フェース・ツー・フェースの遅延がない状態でコミュニケーションを取るのは難しくありません。ところが全員が遠く離れた場所から、電波状態が悪い中でリモート会議をやろうと思うと、どうしても発言のタイミングが重なってしまうなど、なかなかスムーズに話せないものです。

図表4-5　汎用AIを実現するためのコンセプト「AIコンステレーション」— YouTube

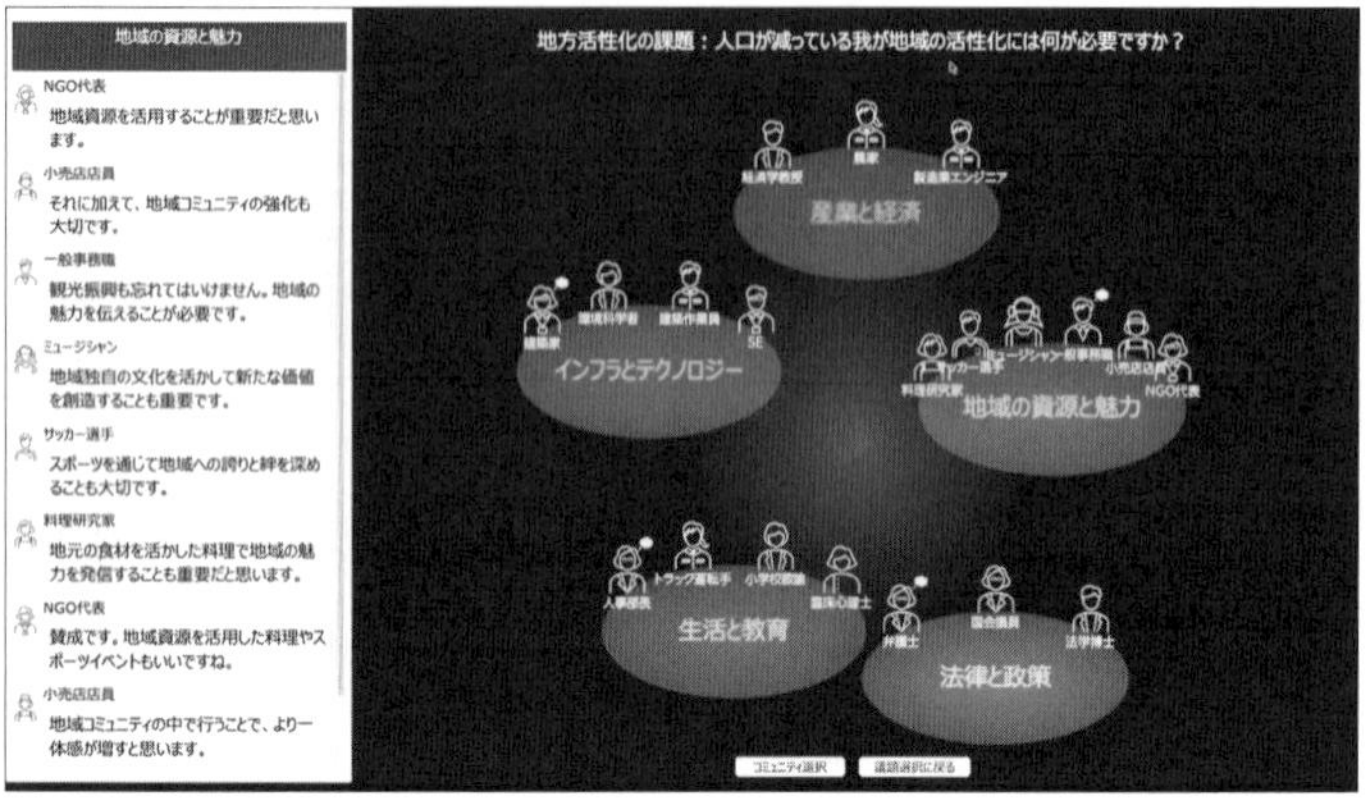

これと同じようなことがＡＩ同士の連携でも起こります。

そこに安定・高速・高精度の通信を可能にするＩＯＷＮを用いれば、いわば全員が同じ部屋にいるかのように、多数のＡＩを高速で正確に同期させることが可能になります。このためＡＩコンステレーションの通信基盤として、ＩＯＷＮは不可欠な技術となるのです。

それではＡＩコンステレーションによって、どのように社会課題が解決されていく可能性があるのか、その想定例を具体的に見てみましょう（図表4-5）。

今、それぞれ専門知識を持つＮＧＯ

代表ＡＩ、小売店店員ＡＩ、一般事務職ＡＩ、ミュージシャンＡＩ、サッカー選手ＡＩ、料理研究家ＡＩという複数のＡＩが会話をするとします。テーマは地域課題解決で、「人口が減っているわが地域の活性化には何が必要ですか？」という問いに対してそれぞれのＡＩが議論を進めます。

ＮＧＯ代表ＡＩ：地域資源を活用することが重要だと思います。
小売店店員ＡＩ：それに加えて、地域コミュニティーの強化も大切です。
一般事務職ＡＩ：観光振興も忘れてはいけません。地域の魅力を伝えることが必要です。
ミュージシャンＡＩ：地域独自の文化を生かして新たな価値を創造することも重要です。
サッカー選手ＡＩ：スポーツを通じて地域への誇りと絆を深めることも大切です。
料理研究家ＡＩ：地元の食材を生かした料理で地域の魅力を発信することも

重要だと思います。

NGO代表AI：賛成です。地域資源を活用した料理やスポーツイベントもいいですね。

小売店店員AI：地域コミュニティーの中で行うことで、より一体感が増すと思います。

一般事務職AI：それなら観光客も楽しめますね。地域の文化を体験することも観光の醍醐味ですから。

……

このように、複雑で多様な解がある課題に対して、AI同士がそれぞれの視点から意見を出し合い共通点を探りながら意見形成を試みることになります。そして互いに議論や訂正を重ねながら、人間では問題定義すら困難な課題にも、話し合って解を見いだしていくのです。

これをさらに進めれば、例えば自治体の住民構成に近いプロファイルを持つAIを1万人分用意し、大規模なシミュレーションを行うこともできるでしょう。人間同士では1万人で話し合うのは非現実的です。でもＡＩであれば、一瞬のうちに話し合いを終えられるかもしれません。従来の民主主義は、選挙によって選ばれた代表者を通じて意思決定をする間接民主制でした。しかしＡＩコンステレーションを活用することで、より細かく住民の声を議論に反映させられるような、新しい民主主義の形をつくることができるのかもしれません。

AIコンステレーションの4つのユースケース

ＡＩコンステレーションのユースケースとして、私たちは大きく4つの分野を考えています。

1つ目は今ご紹介したような大規模住民ディスカッションや世論分析などに代表される「大規模社会シミュレーション」です。政治だけでなく、企業のマーケティングやＳＮＳを用いた口コミをシミュレーションすることも可能となるでしょう。また社会学や心理学といった学術的な研究においては、従来の観察ベースの研究に加え、ＡＩを用いたシミュレーションによる研究も可能となってきます。

２つ目は大規模ソフトウエア開発や企業経営、自治会の運営などの「大規模プロジェクト運営」に使うというものです。ＡＩコンステレーションを用いると、複雑な課題を多角的な視点から眺め、自分１人や少数のチームでは思いつかないような意見を取り入れることも可能になります。

３つ目はＡＩ自体の信頼性や倫理性、多様性などの向上に用いる「ＡＩ高度化、ＡＩガバナンス」です。複数のＡＩが連携することで、互いの視点から監視し合うことが可能になります。これは、いわゆるハルシネーション（幻覚）と呼ばれる、事実に基づかない情報の生成を抑制したり、意見に多様性を持ち込み、偏りを減らしたりすることにつながります。

４つ目のユースケースは「人のデジタル分身」です。これは仮想空間上に、ＡＩによる人のデジタル分身をつくるというものです。ＡＩによる自分の分身（アバター）と他人のアバターを連携させることで、様々なシミュレーションが可能になります。例えば自分の仕事の一部を任せたり、より多くの関係者と交流したりできるようになるでしょう。また営業やカスタマーサポートのシミュレーションや、私生活では恋愛のシミュレーションも可能になるかもしれません。専門家や著名人のデジタル分身を作成し、講演を依頼したりアドバイスをもらったりすることもできるでしょう。

このように軽量なAIを多数連携させ、その集合知を課題解決に生かすAIコンステレーションは、今後AI開発の方向性として非常に重要になっていくと私たちは考えています。そしてそのベースには、IOWNが必要不可欠となっていくのです。

IOWN×量子コンピューター

次に、IOWNと量子コンピューターが開いていく未来について見ていきましょう。

将来的にデータドリブン社会を実現する上で期待されているのが、量子コンピューターです。現在のコンピューターが0または1という2種類の状態を取る「ビット」を用いて演算するのに対し、量子コンピューターの基礎となる「量子ビット」は

「0」と「1」の両方を重ね合わせた状態を取ることができます。この仕組みを使うことにより、従来のコンピューターでは何万年もかかるような膨大な計算処理を瞬時に行うことを可能にします。

量子コンピューターが実用化されるのはかなり先の話だと考えられていますが、実はIOWNと重なる部分も多くあるのです。

現在私たちはIOWNのロードマップを1・0から4・0まで描いています。IOWN 1・0はネットワークの経路全体を光化するAPN（オールフォトニクス・ネットワーク）で、2・0は基盤（ボード）接続、3・0は集積回路（チップ）間というように光化の範囲を徐々に微細化していき、4・0ではチップ内の光化に挑みます。ロードマップでは1・0はネットワーク領域、2・0以降はコンピューティング領域という整理をしていますが、いずれも何かと何かを光で結ぶという通信の話です。これがIOWN×量子コンピューターの未来では、いよいよ演算処理そのものに光の技術が入ってきます。

量子コンピューターはIOWNがめざす究極の姿

量子コンピューターでは現在、「超伝導方式」や「シリコン方式」、「光方式」と呼ばれるような複数の方式が考案され、それぞれ開発が進んでいます。その中でNTTが研究を進めているのは「光方式」です。

この光方式の特徴は、超伝導方式やシリコン方式のように量子計算に電子を使う代わりに、光を使って計算することです。この光方式で最も重要なのが、量子ビットや演算に使う光パルスを生み出す「量子光源」となるのですが、ここにIOWNの技術を活用することができます。現在発表しているロードマップはIOWN4・0までですが、その先の5・0や6・0には、光による演算や光方式の量子コンピューターなどが入ってくるかもしれません。

光方式のメリットは、極低温まで冷却が必要になる電子を使う方式と違って、室温で高速に動作させられる点です。大がかりな冷却装置を必要としないため大規模化しやすく、少ない電力で動作するのもポイントです。一方でこの光方式はまだ研究が始まったばかりで、先行する超伝導方式などと比べると実現している性能（量子ビット数）はかなり低い状態です。しかし現在急速に追い上げており、この伸び率が続けば、将来のある時点で他の方式を超えるとも考えられます。

通信に光を使って省電力化するだけでなく、コンピューターの演算そのものにも光を使ってさらなる高効率化をめざすという点において、量子コンピューターはIOWNがめざす究極の姿といえるかもしれません。

またどの方式かによらず、量子コンピューター同士をつなぐためには、大容量のデータを瞬時に伝送でき、セキュリティ面も堅牢な量子ネットワークが必要となります。データを量子状態として送る量子ネットワークは途中で電気に変換することなく光でつなぐ必要があり、量子時代を迎えるにはこうした量子通信対応のIOWNがインフラとして整備されていることが大前提となります。

量子コンピューターがいつ実用化されるかの見通しは人によって違いますが、2050年ごろという意見が主流で、まだ先の話です。しかし生成AIの登場でAIが急速に進化したように、量子の領域でも予想しなかったような技術革新が生まれ、考えていたより早く量子時代が来ることも十分に考えられます。

社会に広がるIOWN

ここまで、少し先の将来にIOWNが主にコンピューティング領域で実現するであろう未来の姿を見てきました。一方でIOWNのネットワーク領域では、すでにAPN（オールフォトニクス・ネットワーク）の商用サービスが始まっています。APNが持つ「超高速」「超低遅延」といった特徴も、これから近い将来に、あらゆる業界を変えていく可能性があります。以降では主にそうしたIOWNのネットワーク領域での活用事例を中心に、業界や適用分野ごとにその未来の姿を見ていきましょう。

【建設・建築】建設機械の遠隔操作で人手不足などを解消

建設や建築の現場では、人手不足や長時間労働、技術者の高齢化といった課題が深刻化しています。今後も日本では人口減少や高齢化が進む見通しであり、これらの課題への対策は急務となっています。そこで期待が高まっているのが、操作に専門技能などが要求される建設機械の遠隔操作です[6]。

実際、一部の工事現場では安全確保といった観点からも、建設機械の遠隔操作が導入され始めています。ただし、操作が動きに反映されるまでの遅延が大きく、安全性に課題があるなどの理由で、活用できる範囲はまだ限定的です。例えばトンネル工事の先端部分では、狭いトンネル内で掘削作業を行い、岩塊を運び出すなど危険で高度な作業が要求されます。すでに遠隔操作システムの開発も進んでいるのですが、現状では遠隔操作が可能な距離は数百メートルまでと短く、操作するコックピットをトンネルの外に設置することはまだ難しい状況です。

こういった過酷な現場にＩＯＷＮのＡＰＮを導入することで、数十キロ～数百キロメートル離れた場所から安全に建設機械を遠隔操作するといったことも実現可能になります。

また建設中のビルに設置されるタワークレーンも、遠隔操作が求められる建設機械の１つです。タワークレーンを操作するオペレーターには高度な専門技能が求められます。操作のためには高所にある運転席まで長いはしごを上る必要があり、一度上ると作業が終わるまで何時間も作業しなくてはならず、途中でトイレに行くこともできません。強風や地震でクレーンが揺れれば大きな恐怖を感じるなど非常に過酷な現場で、オペレーターの担い手も減少しています。

ＩＯＷＮは、こうした建設現場などでの作業の安全性を飛躍的に高め、新たな人材の育成なども含めた人手不足や長時間労働の解消といった社会課題解決にも大きく貢献するのです。

すでにＮＴＴは、建設・建築業界のパートナーとともに遠隔操作に関する実証実験を進めています。例えば、コマツとその子会社のＥＡＲＴＨＢＲＡＩＮが共同開発した遠隔操作システムとＩＯＷＮ ＡＰＮを接続し、東京からＡＰＮ経由で千葉

図表4-6　コマツとEARTHBRAINが共同開発した遠隔操作システム

県に設置した油圧ショベルの遠隔操作を実証しました（図表4-6）。現場の映像を4Kの高解像度で劣化なく低遅延で伝送し状況を正確に伝えることで、遠隔地にいるオペレーターによる円滑な操作を可能にしました。

またタワークレーンの遠隔操作にも取り組んでいます。竹中工務店と共同で、大阪府堺市の同社西日本機材センターに設置したタワークレーンに対して、東京からAPN経由で遠隔操作をする動作実証を行いました。熟練の作業者が遠隔操作する際の品質を担保するために、同社は遅延500ミリ秒以内という許容値を設定しています。この実証実験では東京－大阪間約500キロメートルをAPNで結ぶことで、常時許容可能な遅延値で遠隔操作を実現できることを確認しました。

こうした遠隔操作をより多くの建設機械に広げていくことで、作業者が現場に出向く回数を減らすことが可能になり、長時間労働の改善や人材確保にもつながっていきます。

【医療】遠隔手術の実現などで地域間の医療格差解消へ

医療分野において、IOWNが活躍すると期待されるユースケースの1つが遠隔手術です。現在日本では外科医のなり手が減少しており、特に地方では外科医不足が課題となっています。外科医が離れた場所から遠隔で手術できるようになれば、医師、患者の双方の移動などの負担を軽減でき、地方においても都市部と同水準の治療を受けられるようになります。

現在でも一部の手術には遠隔操作の手術支援ロボットが使用されています。ロボットを使うことで人の手よりも正確に安定して細かい動きができるようになるためです。ただし現在は遠隔操作といっても、回線の遅延や安定性などの問題があるため、隣の部屋から操作するのが一般的です。

医師が手術をする際に特に影響を受けるのは、遅延の大きさよりも、遅延が不規則になる「ゆらぎ」だといいます。自分の操作が常に一定時間わずかに遅れてロボットに反映されるのであれば、医師はそれを予測して操作できるので手術は可能といいます。ところが、あるときはすぐに反応し、あるときはなかなか反応しないというように遅延にゆらぎがあると、手術は困難になってしまいます。APNを使えば長距離でも遅延が少なくゆらぎもないため、地域を超えた遠隔手術が実現可能になるのです。

22年11月には、国産手術支援ロボットを開発するメディカロイドと共同で、遠隔手術の実証を実施しました。同社が開発する「hinotoriサージカルロボットシステム」とAPNを接続することによって、物理的に離れた環境を1つの環境のように統合してスムーズに手術が行える「場の共有」の実現をめざしたものです[7]。

具体的には、ＮＴＴの武蔵野研究開発センタ（東京都武蔵野市）内に約１００キロメートルの長距離通信を行うＡＰＮの実証環境を構築し、手術支援ロボットを接続。遅延揺らぎがほぼゼロの環境下で、通常の手術と変わらない動きで遠隔操作ができることを確かめました。さらに８Ｋの超高精細映像や音声などで空間環境全体の情報を共有し、まるで同一空間で手術しているかのような手術環境の共有を実証しました。今後もさらにこの研究を進め、ＡＰＮを活用した遠隔医療の拡大をめざす予定です。

また24年3月には、オリンパスと共同で「クラウド内視鏡システム」の実証実験も行っています[8]。現在の内視鏡は、カメラが捉えた高精細映像を内視鏡内で処理し、病変の恐れがある部位を術者に提示するといった高度な支援機能を備えています。しかし、これらの高度な機能をすべて内視鏡装置内で処理していることから、処理性能向上の限界やアップデートなどのメンテナンス性が課題となっています。

そこでＮＴＴとオリンパスは、映像処理など負荷の高い一部処理をクラウド上で分担する「内視鏡のクラウド化」をめざした取り組みを進めています。内視鏡装置とデータセンターをAPNで接続して、内視鏡が映した映像を低遅延でデータセンターに伝送。そこで映像処理を施して、再びAPNを通じて内視鏡装置に戻してディスプレーに表示する仕組みです。これにより内視鏡の装置単体では難しかった高負荷な映像処理を実現できるほか、クラウド側のソフトウエアアップデートによって柔軟に最新機能を追加することも可能になります。また複数の病院間で映像情報を共有することで、リアルタイムの遠隔診断や治療の実現なども期待できます。

このように医療分野においては、APNを用いた遠隔医療の推進により、人手不足や医療格差といった社会課題解決への取り組みが進んでいます。

【放送】リモートプロダクションでライブ中継をより高度化

放送業界においても、IOWNは課題解決に貢献します。その1つが、ライブ中継番組の新たな制作フローを実現する「リモートプロダクション」(遠隔制作)です。

野球やサッカーなどのスポーツや音楽イベントをライブ中継する場合、通常は現場に中継車を派遣する必要があります。そこでは、放送局に映像を送出する回線の容量が限られているため、いったん現場で複数台のカメラの映像を集め、映像制作を行った上で編集済みのデータを放送局に伝送する必要がありました。

しかし高速大容量のAPNを使えば、すべてのカメラ映像を放送局にリアルタイムで伝送し、放送局側でカメラを切り替えながら映像制作するといったことも可能になります。これにより、スタジアムなどに中継車を派遣する際の各種機材や人員の現場配置を効率化できるほか、放送局内の高度な編集機材を利用することで、映像の多アングル化などより付加価値が高い番組制作なども可能になります。

こうした中で23年7月にNTTは、公益社団法人日本プロサッカーリーグ（Jリーグ）と連携し、東京・国立競技場で開催された「明治安田Jリーグワールドチャレンジ2023 powered by docomo」においてリモートプロダクションの実証を実施しました[9]。国立競技場と東京・秋葉原の「eXeField Akiba」（以下、eXeField）の2カ所をAPNで結び、複数の放送用カメラからの映像を伝送。eXeFieldで映像切り替えなどのプロダクション業務を実施し、放送局に高品質な編集済みデータを伝送することに成功しました。

また高速で低遅延の映像伝送は、VR（仮想現実）や双方向性のある視聴体験など、新たなエンターテインメント体験を実現するための基盤となる技術ともいえます。こうしたIOWN活用は、今後もさらに多くの分野に広がっていくでしょう。

【バックアップ】分散バックアップをリアルタイムで実行

多くの企業は有事の際に備えて、バックアップデータを広く地域分散して保管するといった対策を取っています。大災害で特定の地域が被害を受けた場合でも、事業継続に必要なデータを失わないためです。特に金融分野では多額の取引データを扱うため、データの安全性は非常に重要ですが、ここで課題となるのがバックアップの頻度です。現状のネットワークの速度は膨大な取引データを転送するのに十分ではなく、また同じ高速大容量であったとしても、例えばAPNと遅延の大きな既存WANサービスとを比べると、実効転送速度が1・7倍にも開くことがあります[10]。これは利用するTCP／IPなどが遅延にセンシティブなプロトコルとなっているために起こります。このため、こうした既存ネットワークではバックアップ頻度を高めることができません。

例えばバックアップが1日1回しかできなければ、災害発生時に1日分の取引データを失ってしまう可能性があります。しかし各地のデータセンターを高速大容量のAPNで接続できれば、取引データをほぼリアルタイムでバックアップし、かつ各地域に分散保管するといったことが可能になります。万が一のときに失うデータを事実上ゼロにできるため、今後非常に高いニーズが見込まれます。

さらにデータのバックアップに当たっては、保守の観点も必要です。機器の故障など、何かトラブルがあったときにすぐ人員が駆け付けられるように、バックアップ用途には都心のデータセンターを選んでいる企業も少なくありません。将来的にNTTでは、遠隔地のデータセンターの保守作業を、IOWNを用いてロボットで行うことなども考えています。

【eスポーツ】遅延の影響を排除し公平なオンライン競技を実現

エンターテインメント分野で低遅延が求められるものの代表格は、eスポーツかもしれません。数十分の1秒、数百分の1秒という非常にシビアなタイミングの世界で技を競うeスポーツでは、操作データなどのわずかな遅れが勝敗に直結します。特に課題となるのが、eスポーツの端末間を結ぶ回線による遅延です。プレーヤーごとに遅延の大きさが異なってしまうと、公平な競技が実施できません。

このため、トップレベルのeスポーツ大会をオンライン参加で開催するのは困難で、回線状況による有利不利が発生しないように、同じ場所に集まって開催されるのが一般的でした。またオンライン大会が開催されても、プレー環境が安定しないことを理由に大会への参加を見送るプレーヤーも少なくありませんでした。

しかし、低遅延かつ遅延が一定のAPNを使えば、それぞれの遅延状況に応じて正確にハンデを設定するなどして、参加者全員が同じ条件の下でプレーできる環境をつくるといったことも可能になります。従来のインターネットでは困難だった、トップレベルのeスポーツイベントの遠隔開催も可能になってくるでしょう。さらに競技会場と観戦会場をAPNで接続することで、国内などでは遠隔地の観戦会場にいるファンも映像の遅れを感じることなく一体感を持った応援ができるようになります。

NTTはこうしたeスポーツにおけるIOWNの有効性を確認するため、23年3月にAPNを活用したeスポーツイベントの実演「Open New Gate for esports 2023　～IOWNが創るeスポーツのミライ～」を実施しました[11]。このイベントは東京の渋谷と秋葉原の2拠点で実施。ゲームを実行するPCは秋葉原だけに設置し、渋谷にはディスプレーとヘッドセット、操作のためのキーボードとマウスのみを用意し、秋葉原にあるPCとAPN経由で接続しました。

実際に渋谷でプロのeスポーツプレーヤーがゲームをプレーした結果、遅延の影響なく普段通りにできることを確認できました。今後、複数拠点を結んだeスポーツ大会の開催などを通じ、地域の活性化などにも貢献していくことができると考えています。

【スマートシティー】膨大なデータの情報流通基盤へ

街づくりへのIOWN導入の動きも進んでいます。未来の街では、現実世界の詳細なデータを取得、処理して最適化をめざすサイバーフィジカルシステム（CPS）が普及すると考えられます。街のインフラやIoT機器などから集まるデータの量は爆発的に増えるため、そのビッグデータをリアルタイムで伝送し、処理するための情報流通基盤としてIOWNが力を発揮します。

23年6月にNTTは、東急不動産とIOWN構想に関連した技術・サービスなどを活用した新たなまちづくりに向けた協業に合意したことを発表しました[12]。モデル地域として東京・渋谷駅から半径2・5キロメートルの広域渋谷圏において、東急不動産が手がける施設にIOWN関連サービスを導入していきます。例えば複数オフィスをAPNでつないで高画質かつ大画面で互いの会議室を投影し、まるで対面のように臨場感のある会議を可能にしたり、商業施設内に様々なロボット・デバイスを配置し、遠隔地から温かみのある接客を可能にしたりするなどの活用を想定しています。

ちなみに渋谷区は自治体として唯一（24年9月時点）「IOWN Global Forum」（IOWNグローバルフォーラム）に加盟しており、IOWNを用いた新たな街づくりに積極的に取り組んでいます。今後渋谷エリアは、ＩＯＷＮ活用のパイロットモデル地区ともなっていく見通しです。

このほかＮＴＴグループの中で街づくりを手がけるＮＴＴアーバンソリューションズは、ＩＯＷＮをベースとした「街づくりＤＴＣ（デジタルツイン・コンピューティング）」に取り組んでいます。街に設置したセンサーやスマートフォンなどの個人端末から取得した街や人などに関するデータを基に、仮想空間（デジタルツイン）上で予測分析を行い、その結果を現実世界にフィードバックするという取り組みです。今後、複数の交通機関を組み合わせて移動を最適化するＭａａＳ（次世代移動サービス）や物流の最適化などにもＩＯＷＮを基盤としたデータ処理が必要になってくるでしょう。

【宇宙通信】光データリレーやＨＡＰＳで開く宇宙活用の未来

ＩＯＷＮの光通信技術は、宇宙分野にも応用できます。その１つが光データリレーサービスです。観測衛星などにより、地上を撮影した高解像度画像をはじめとして宇宙では膨大なデータを収集することができます。しかし観測衛星のデータを地上に伝送する方法が課題となっています。

例えば、低軌道の観測衛星は90～120分ごとに地球を周回しており、地上局と通信できるタイミングが限られます。また電波を利用した回線には伝送容量の制約もあります。そこで、観測衛星が収集したデータをより高い位置にある静止軌道衛星にいったん伝送（リレー）し、そこから地上局に光データ伝送を用いて送ることで、大容量のデータをリアルタイムに近い形で伝送できるようになると見込まれています。

この光データリレー技術によって宇宙からのデータ収集が容易になり、いわゆる衛星センシングの精度が劇的に向上することで、天気予報や災害予測、農業、安全保障など幅広い分野で技術革新を起こすことが可能になると考えられます。

さらに先を見据えて私たちが取り組んでいるのが、宇宙データセンター事業です。数十から数百基の人工衛星を組み合わせて互いに通信できるようにすることで、データセンターのような大きな計算能力を得ることが可能になります。こうした宇

図表4-7　宇宙ビジネス新ブランド「NTT C89」の発表会見を行った NTT社長の島田明（24年6月）

宙データセンターの能力を使って観測衛星が取得した膨大なデータを宇宙空間で計算処理してその結果だけを地上に送ることで、さらに効率よく精度の高い情報を得ることができます。

　また、人工衛星は太陽光発電で稼働するため、現在は電力の制約もあって1台当たりの計算能力はあまり高くできません。しかし、将来的にはIOWN2・0以降で登場する光電融合デバイスを搭載することでエネルギー効率を飛躍的に高めることができ、宇宙空間におけるコンピューティングもさらに活用の幅が広がると考えられます。

こうした中でNTTは、これらの宇宙事業を推進するため24年6月に、宇宙ビジネスに特化した新ブランド「NTT C89」を立ち上げました[13]（前ページ図表4-7）。宇宙データセンター事業などに加え、衛星と成層圏を自動飛行するHAPS（高高度疑似衛星）を組み合わせて携帯電話の通話エリアを山間部・海・宇宙まで拡張する宇宙RAN事業、衛星電話事業など、光技術をベースにした宇宙関連ビジネスを力強く推進しています。

第5章

データの安全保障とIOWN

国家のデータをいかに守るか

ＩＯＷＮのネットワークはこれまで見てきたように、大容量のデータを高速に遅延なく、そしてゆらぎもない高い品質で伝送できることが大きな特徴でした。しかもユーザーごとに回線を設定する仕組みのため、データを送る際にも高いセキュリティを確保することが可能です。データというものを、非常に大切に扱うネットワークということができるでしょう。では私たちの社会にとって、データとはどのような存在なのでしょうか。

本章では、国家や企業などの組織、そして個人にとってのデータが持つ意味について考え、データの安全を守る上でＩＯＷＮの技術がどのような役割を果たすのかを紹介していきます。

国を定義するデータは、国そのもの

世界を見渡してみると、悲しいことに今も各地で戦争や紛争が起きています。緊張関係、対立関係にある国家も少なくありません。国家の不安定化や政府の転覆を狙うテロリストグループもあります。近年でも、ロシアとウクライナの戦争やパレスチナ自治区ガザでの戦闘など、紛争が続いています。そんな不安定な世界においては、国家がいかに自国を守るか、国民を守るかを常に考えておかなければなりません。

それでは、もし他国から攻撃を受けるような事態が起こり、国家が自国を守らなければならないとき、一体何を守るべきなのでしょうか。最優先すべきなのは、もちろん自国民の生命と財産です。また国民の命を支える社会経済活動を継続させるには、道路や橋、発電所などのインフラサービスも続けられなければなりません。

しかし、これだけデジタル化が進む中、社会経済活動やインフラサービスはその元となるデータがあってこそ機能することを見落としてはなりません。つまり、あらゆるものをデジタルデータ化して管理しているこの時代、「国を定義するデータ」を守ることが非常に重要になるのです。

例えば、ある国が他国を手中に収めたいと決断したならば、ミサイル攻撃や地上部隊の派遣によって徹底的に相手国を破壊し、継戦能力を奪おうとする恐れがあります。破壊の対象になり得るのは、その国を定義するデータも含まれます。国民の戸籍や住民票、土地の登記情報、納税・教育データ、国を治めるための法律や条例などがあるでしょう。建物や道路、橋は、破壊されてもまた造り直すことができます。しかし、国を定義するようなデータがすべて消去あるいは改ざんされてしまったならば、復旧させるのは至難の業です。

データを失えば、本当にその人が存在していたのか、またその人が本当にその人なのかといったことまで証明できなくなり、さらにどこが誰の土地だったのかなど様々なことの根拠がなくなります。土地や個人や企業も、その存在を証明していた公文書情報など国家の後ろ盾すべてを失うのです。国家も、国民や企業から税金を徴収することもできず、国としての機能を失ってしまいます。こうして国家とその構成要素すべてが存在すら証明できないリセット状態に陥り、そうした中で誰かがデータを書き換えすべて奪ってしまうといった、侵略行為につながることも考えられるのです。

そのような重要なデータを削除されることなどない、と思うかもしれません。しかし世界には敵対する国と国境を接する国も少なくありませんし、一気に軍事侵攻され、国を定義するデータを格納したサーバーやデータセンターを抑えられてしまうようなことも十分に考えられます。これは国家だけでなく、自治体や企業などのより小さな組織にも当てはまります。重要な技術を持つ企業のデータが誰かの手に落ちてしまったら、その被害は計り知れません。

もちろん戦争やテロだけでなく、自然災害などへの対策も必要です。国や組織を定義するデータを失ってしまったら、その復旧や復興は極めて困難になってしまいます。何があっても失うことがないよう、あらゆるケースを想定して守る必要があります。だからこそ、ウクライナは、2022年2月のロシアによる軍事侵攻の直前、急きょ、法律を改正してクラウドの導入を進め、国を定義するデータを何としてでも守ろうとしたのです。

こうした中で、これまでも国家においてサイバーセキュリティは非常に重視され、攻撃からシステムを守るために多大な努力がなされてきました。しかし本当に重要なのは、システムを守るというより、その中にあるデータを守るということなのです。

また、国を定義するデータを消去することでその国が崩壊してしまうとすれば、今後はそうしたデータを守るということが、国防における大きなテーマの1つになるかもしれません。戦争や災害といった有事のときにデータを失わないためには、どんな体制が必要なのか。データを侵略者やテロリストなどの手に渡さないためには、どんな仕組みを構築すればいいのか。そんな観点から改めてデータの安全保障について考えていくべきでしょう。

バックアップだけでは守れない

では、データを守るためにはどうすればよいのでしょうか。以降では、データを守るための具体的な手法、ＩＯＷＮとの関わりについて見ていきましょう。

まずデータを守るために考えられるのが、バックアップです。よりリスクを分散させるためには、物理的に離れた地域に複数のバックアップを用意する必要があります。それも1日や1週間かけてバックアップするのではなく、リアルタイムですべて同時にバックアップしておく必要があるでしょう。たとえ1日分でも、データが消えて情報の継続性が失われてしまうと復旧は著しく困難になります。

重要なデータを守る「ムーブ」

さらにデータの防衛という観点では、単にバックアップするだけでなく、データを瞬時に移動させる仕組みが求められます。これを「ムーブ」と呼ぶのですが、もし国土が物理的に侵攻されたような場合、データが残っていると奪われてしまう危険があるためです。ですからデータに危険が迫った場合、そのデータを一瞬のうちに丸ごと安全な場所にムーブできなくてはなりません。捕まえようとしても、するっと逃げてしまう。データの防衛ではそのような守り方が必要になるのです。

リアルタイムのバックアップや、国家を定義するような大量のデータの移動を実現できるのは、今のところＩＯＷＮしかありません。通信品質が保証されないインターネット経由ではリアルタイムのバックアップは困難ですし、ムーブをするにも時間がかかりすぎます。国家のデータを守るという観点では、大容量かつ低遅延のＩＯＷＮで複数拠点を結んだネットワークを構築しておき、有事の際はデータを瞬時に安全な場所に移動させられるようにしておくことが重要です。このように国を定義するデータをしっかり守れる仕組みが整っていれば、他国も簡単には攻めることができなくなります。

データの安全な保管場所はどこか

では、そもそものデータの保管場所として最も安全な場所はどこでしょうか。それは、宇宙です。例えば、国を定義するデータを、すべての国が宇宙の1カ所に保管する。すべての国の重要なデータが宇宙の1カ所に集まっていたら誰もそこを攻撃できません。さらに地球全体のデータは皆で守るものだという意識になれば、真の地球の平和を実現できるのかもしれません。

このように宇宙にデータを保存することは突拍子もないアイデア、はるか未来の話だと感じるかもしれません。しかし実は、そうでもありません。第4章で紹介したように、NTTは「NTT C89」という宇宙分野のブランドを立ち上げ、すでに宇宙データセンター事業を推進しています。人工衛星同士を光通信で結び、分散型のコンピューターとして演算させる宇宙コンピューティングの計画も着々と進行しています。確かに現時点では通信容量も演算性能も足りていませんが、将来的に宇宙空間に重要なデータを保管するというのは、決して荒唐無稽な話でもないのです。

データが重要なのは企業も同じ

ここまで国家のデータを中心に見てきましたが、これは企業でも同じです。国家でも企業でも定義するデータをなくすということは、その存在自体を世の中からなくしてしまうことになります。

例えば私たちNTTであれば、それはネットワーク情報やお客様情報などでしょう。これらのデータをすべて失ってしまったら、事業の継続は不可能です。ネットワーク設備をうまく動かすことができず、お客様から料金をいただくこともできなくなってしまいます。

実は、私たちにとってもこうした定義データの保護という部分は意外な盲点でした。しかし企業のサステナビリティについて深く考えていく中で、「組織を定義するデータ」を守る重要性に気づいたのです。そこで、まず「NTTを定義するデータ」とは何かを具体的に調べ上げ、1位から20位まで表にして並べたことがあります。そして、そのデータが一体どこにあり、バックアップ体制はどうなっているか調べていったのです。

その結果を見たときはあぜんとしました。中には、バックアップをしていてもそのバックアップしたものがごく近くに置いてあるといったケースもあり、急いで対処する必要がありました。もしそこで大災害が起こっていたらどうなっていたかと、恐ろしくもなりました。

今後のセキュリティ対策は、単に重要データを分散してバックアップするだけでなく、企業を定義するデータをどこに置き、いざというときにどのようにムーブするのかを意識することが重要になるでしょう。これまではデータの活用ばかりに目を向けていましたが、これからは「いかに守るか」という観点が同じくらい重要です。

自分を定義づけるデータも守る、IOWNの意義

こうしたデータの安全保障の話をさらに突きつめていくと、「自分自身のアイデンティティーとは何か」という話にもつながります。自分自身を特徴付け、定義し

ているものも、やはりデータではないでしょうか。私たち自身を定義するデータもきちんと守らないと、身体的・物理的なダメージを超えた最も大きな損失になる可能性があります。

例えば個人のDNAの正確なデータなどがあれば、身体的ダメージが修復可能になる可能性もあるからです。逆に完全なデータがあることで自分が保たれるのであれば、少々とっぴではありますが、将来自分自身をオンラインにアップロードしたり、ムーブしたりできるようになるのかもしれません。

実際これまでもSF小説や映画、漫画やアニメなどでは、こうした将来の話が語られてきました。例えば、ある人気SFテレビドラマシリーズの中で主人公が不治の病にかかり、亡くなる間際にその意識が人工生命に移植されるというエピソードがあります。意識という情報が肉体と切り離され、情報空間の中で生き続けるのです。こうしたエピソードはまさに「自分を定義するデータ」のイメージと重なるのではないでしょうか。

現在でも、オンライン上にアバターなどの「もう1人の自分」を持ち、コミュニティーを築いている人は増えています。さらに現実世界に近いオンライン上の仮想空間であるデジタルツインの活用が広がっていけば、オンライン上の自分を定義づけるデータは、自分そのものと同義ということに近づいていてもいくでしょう。そう考えると、意識だけが生き続けるテレビドラマのエピソードも、あながち作り話だと片付けることはできないのかもしれません。

国家、企業、そして個人も「定義するデータ」から成り立ち、そのデータが存在自体を維持・存続させているのだとすれば、そうしたデータを扱うネットワークとコンピューターは、いわば私たちの世界を成立させる生命線のようなものともなっていきます。そうした観点からも、最も高速で伝送品質の高い「光」を用いるＩＯＷＮを広げていくことは、世界全体にとって意義のあることだと言えるのではないでしょうか。

終章

「数の論理」から「価値の論理」へ

質から数へ、数から価値へ

ここまでＩＯＷＮがどのような構想で、どこまで進んでいるのか、今後どのような展開が見込まれるのかを見てきました。最後の章では、ＩＯＷＮと社会との関わりについて見ていきます。ＩＯＷＮは社会をどう変えようとしているのか、どんな未来に導こうとしているのかを、具体的に紹介していきましょう。

まず、今後ＩＯＷＮが社会をどう変えていくかを明らかにするために、これまでのビジネスの世界の変遷を振り返ってみます。

１９９０年代以前のインターネット普及前の時代、世界は「質の論理」で動いていました。高品質な製品やサービスを提供することが大きな価値を生み、「いいものをつくる」ことがビジネスの成功につながる時代でした。この質の論理の時代、日本は誰よりも高い品質を追求することで大成功を収めました。中でも自動車や電化製品をはじめとする製造業は、たゆまぬ品質改善の努力によって圧倒的な低価格高品質を実現し、「メイド・イン・ジャパン」は高品質の証しとして世界を席巻しました。これが日本の高度経済成長の原動力ともなりました。

「数の論理」で負けた日本

この構図を大きく変えたのがインターネットの登場です。90年代半ばから本格普及し始めたインターネットにより「質の論理」は書き換えられ、世界は「数の論理」の時代に突入しました。ここでインターネットが示したのは、必ずしも質がいいことが最優先ではないということです。

例えば、インターネット上に店舗を出せば、国中、世界中に商品を販売できます。そこでたくさんの顧客を集めれば、価格を下げることが可能になります。質は多少妥協しても、価格が安ければ商品は売れます。また数を集めることで、それを活用して新たなビジネスチャンスを生み出すこともできるのです。

その代表格がマーケティングデータを活用した新ビジネスです。インターネット上では人々の行動が可視化されます。誰がいつ、どんなウェブサイトを見たのか。そこで何に興味を持ち、どのような経緯を経て購買に結びついたのかなどまで、詳細に知ることができます。こうしたデータを集めることで、人々が何を望んでいるのかが、以前とは比べものにならないくらい明確に分かるようになりました。

このようなマーケティングデータを大量に集めることは、新たな商品を開発したり販売したりする上で強力な武器となります。ＧＡＦＡ（米大手テック企業）に代表される巨大企業がインターネットによって国のくくりを超えて大量のデータを集め、巨額の利益を得るようになりました。これが、今も続く「数の論理」の時代です。

ところが日本は、この「数を集める」ということがあまり得意ではありませんでした。例えば、私たちは携帯電話向けインターネットサービス「ｉモード」を日本国内で展開し、その後世界でも使ってもらおうと海外展開をめざしましたが、日本では爆発的なヒットとなったにもかかわらず、残念ながら世界で流行することはありませんでした。

その原因は、いかに世界のマーケットで数を集めて勝つかという、ビジネスの流れにうまく対応できなかったからだと考えています。その後、米アップルがスマートフォンの「ｉＰｈｏｎｅ」を発売し、モバイルインターネットの世界を大きく変えていったこととは対照的な結果に終わりました。

当時他の分野においても、こうした数の論理の世界で、多くの日本企業が敗れていっていました。そこに変わって台頭したのは、インターネットをうまく活用して数を集めることに成功した企業です。日本がバブルの絶頂期にあった89年には、世界の上場企業の時価総額ランキングトップ10のうち7社を日本企業が占めていましたが、２０２４年1月時点のランキングでは、日本企業はトップ20にも入っていません。代わってランクインしている企業には、1位と2位のマイクロソフトやアップルをはじめとして、インターネットの数の論理の世界で急成長したテック企業が目立ちます。

数を集めるには、最初から世界に打って出る

では、なぜ日本は数の論理の世界で勝ち抜けなかったのでしょうか。国の市場規

模が違うという見方もあります。確かに数の論理の世界では、大きな市場を持つ大国が有利です。しかし世界を見渡せば、国の規模は小さくともがんばってきた国もあります。

例えばスウェーデンにエリクソンという企業があります。スウェーデンの人口は1000万人強と日本の10分の1に満たない規模ですが、エリクソンは高速通信規格5Gのネットワークインフラではナンバーワンクラスのシェアを持ち、世界の5Gはエリクソンがなければ成り立たないというくらいの重要な企業に育っています。なぜそんなことができたのでしょうか。

そこには日本とスウェーデンの企業のアプローチの違いがあります。日本企業のアプローチでは、まず日本の中で商品を作って磨き上げ、いいものができた段階で満を持して世界へ打って出るというパターンが主流でした。私たちがiモードで取ったパターンがまさにそうです。

ところがエリクソンは、最初から世界のマーケットを見て商品を開発していました。自国で成功するかどうかではなく、世界で評価されることをまずめざしたのです。世界でシェアを取り、様々な国に供給して安くなったところで最後に自国に持ち帰ってメリットを享受するのです。一方で多くの日本企業は、「日本人がいいと思ったものはきっと世界でも売れるはずだ」という思い込みから抜け出すことができなかった。これが数の論理の時代に、私たちが誤ってしまったことかもしれません。

ｉモードは、ある意味で完成形でした。日本国内でじっくり磨き上げ、「いいもの」ができた段階で世界へ打って出たのです。しかしそれは、１つの完成された製品やサービス、システムということですから、その段階から他の企業にパートナーとなってもらい一緒にやっていくという形態も非常に取りにくい。結果として自社だけで普及させなければならない状況になり、パートナー連合を組んだ競合企業と戦うような事態にも陥ります。自社単独では、数を集めるのも容易ではありません。

教訓を生かしたＩＯＷＮグローバルフォーラム

こうしたｉモードの教訓が、ＩＯＷＮでは生きています。ＩＯＷＮは、通信から半導体まで非常に幅広い領域をカバーする構想で、とてもＮＴＴ１社でつくり上げられるものではありません。様々な企業や団体と一緒に形にしていかなければ実現できないのです。そこでＩＯＷＮでは、最初の段階から世界での仲間づくりをめざしました。まだ完成形ではない段階から、ＮＴＴだけでなく多くの企業・団体に役割分担していただき、いろいろな技術を持ち込んでもらう形で進めることが重要だったのです。そうして米インテル、ソニー（現ソニーグループ）と共同で「IOWN Global Forum」（ＩＯＷＮグローバルフォーラム）を設立し、一緒にＩＯＷＮをつくり上げる仲間を世界中から募っていったのです。

おかげで、すでに当初の想定を大幅に上回る数の企業や団体に参加していただくことができています。現段階では順調に仲間づくりを進められているとみていいでしょう。もちろん企業なので、この先競争も起こるかもしれませんが、その前の段階では一緒に議論しながら物事を決めていく大事なパートナーなのです。

並行して、私たちはＩＯＷＮの中核となる光電融合技術を世の中にきちんと提供していくことも重要だと考えています。第２章で説明した通り、ＮＴＴは光電融合デバイスを小型化する技術を持っています。そこでＮＴＴイノベーティブデバイスを設立し、デバイスの製造にも乗り出しました。世界中にしっかりデバイスを供給していくことでシステム全体の価格が下がり、より普及しやすくなりますし、そうした成果を日本に持ち帰ることもできるのです。

多様な価値を尊重する「価値の論理」へ

さて、インターネットによって「質の論理」から「数の論理」へと変わったという話をしました。しかし数の論理が今後永遠に続くのかというと、そうではないでしょう。世界には様々な価値観があり、それぞれ大切にしていることがあります。そういった多様な価値観を互いに認め合い、重視するという流れになっていけば、次はそうした多様な「価値」を互いに尊重することに軸を置く「価値の論理」の時代が来るはずです。

価値の論理の世界では、最初から世界をめざすことがさらに重要になります。なぜなら、価値は世界中に様々な形で散在しているからです。世界には私たちが知り得ないような、あるいは理解できないような考え方、価値観があります。それを知った上で、それぞれの価値に沿った製品やサービスを届けていく必要があるのです。

そのとき、価値の時代のインフラがインターネットのままでいいのか、という疑問も生じます。数の論理をけん引したインターネットの枠組みに縛られることなく、もっと多様な価値を世界中に届けられる基盤が必要なタイミングに来ているのではないでしょうか。IOWNは、そんな価値の時代を支えるインフラとして世界中に広めていきたいと考えています。

例えば、IOWNではAPN（オールフォトニクス・ネットワーク）のサービスを提供していますが、設定した回線ごとに、インターネットの通信プロトコルであるTCP／IPはもちろん、様々な通信プロトコルが使えます。このためAPNでは、従来のインターネットのサービスに加えて、さらに多くの多様なサービスを実現可能です。そうした多様なサービス、多様な価値の提供に対応できるのが、IOWNのネットワークなのです。

新たな社会インフラには新たな哲学が必要

ネットワークなどの重要な社会インフラが変われば、新しい哲学も必要になります。技術が進展すれば、それに伴い発生する社会的な課題についてどう考え、どう対応していくべきかが問われるからです。

社会と技術には相互作用があり、技術が社会を変えることもありますが、逆に社会が技術に作用して新たな技術が生まれたり、発展したりすることもあります。技術が社会を変える例としては、最近では生成ＡＩ（人工知能）の急激な進化があります。実際に使ってみて最も大きなリスクだと感じるのは「言論空間の変質」です。社会として何が正しく、何が間違っているかという基準を崩してしまう可能性があります。

例えばこれまでＳＮＳなどを通じた個人の発信がそこまで大きな影響力を持つことは多くありませんでした。ところが、生成ＡＩでＳＮＳ上の個人の書き込みが学習対象にされると、真偽にあまりこだわってこなかったような個人の発信が強い影響力を持ってしまう可能性があります。こうした言論空間における間違った情報や極端な議論を、生成AIが増強してしまうことも考えられます。こうした言論空間の変質は、社会の分断を深刻化させることにもなりかねません。

あるいは第5章で紹介したように、IOWNを基盤としたデジタルツイン（現実を再現する仮想空間）が普及すれば、いずれはデジタル空間に人間の意識データなどをアップロードできるようになるかもしれません。お金のある人間はデジタル空間で生き続け、お金がない人間は肉体とともに滅んでいくようになれば、行き着く先はイスラエルの歴史学者ユヴァル・ノア・ハラリが著作『ホモ・デウス』で指摘したような、選ばれた少数の人が支配する世界になってしまうかもしれません。

こうした事態を防ぎ、社会が進む方向性を見失わないためには、やはり哲学が必要です。新しいインフラには新しい哲学が必要なのです。

価値多層社会をめざして

NTTは23年7月、京都大学文学研究科・哲学専修教授の出口康夫氏とともに一

般社団法人 京都哲学研究所を設立し、出口氏とNTT会長の澤田純が、共同代表理事に就任しました。現在AIやIOWNをはじめとして、社会を変えるような技術革新が急速に発展しています。そのような新技術を社会に導入する上で、社会インフラはどのように進化していくべきか、「価値の論理」の時代に必要な世界価値基準とは何かを、様々な活動や共同研究を通じて提案していきます。いわば新たな時代の哲学思想を構築する試みです。京都哲学研究所には、国内外の産・官・学・民から多様な人々に参加いただいており、歴史文化都市である京都の地から、国際的な訴求力を持った活動をすることをめざしています。

20世紀に人類は急速に科学技術を発展させ、また経済的な繁栄を遂げました。そこで果たして人類は幸せになったのでしょうか。確かに世界を見渡せば幼児死亡率は大幅に減り、極度の貧困に苦しむ人も減っています。一方で、世界ではいまだに戦争が起こり、幸せを見いだせずに悩む人たちがいます。世界の平和もウェルビーイングも、従来の延長線上で実現することは難しそうです。

そして世界がつながればつながるほど、そこには多様な価値観があり、そうした価値を巡る問いには「唯一の正解」はあり得ないことも明らかになってきました。これから私たちがめざさなければならないのは、多様な価値が重層的に共存する「価値多層社会」でしょう。従来デファクトスタンダードとなってきた西洋思想における価値と東洋思想の価値、さらに世界各地に息づく多様な価値を共存させるような新たな哲学を具現化し、技術を良い方向に使っていかなければなりません。

デジタルからナチュラルへ

価値多層社会について、もう少し考えを進めていきましょう。多様な価値観を持つ社会にはどのような技術が必要なのでしょうか。

そのヒントになるのが、自然界です。ドイツの生物学者ヤーコプ・フォン・ユクスキュルは、すべての生き物が独自の知覚を持ち、その世界の中で暮らしているという「環世界」という概念を提唱しました。

例えば人間の目では見えない紫外線も、鳥や昆虫には見えています。つまり人間とは見えている世界＝環世界がまったく違うのです。ミツバチを例に取ると、人間の目には単に美しい花でも、ミツバチには蜜のある中心部が紫外線で強調されて見えるようになっています。これがミツバチの環世界です。しかし、今のデジタルの世界というものは、自然界の多様な情報の中から必要なものだけを残して構築されます。このためミツバチの環世界は、今のデジタルの世界からは、まったく欠落してしまっています。

人間の社会においても環世界のように、人や文化によって、何に価値を見いだすかは異なります。そうした中で、従来は価値を見いだされなかったようなデータも丁寧に取得して重ね合わせていくことができれば、様々な価値を多層的に提供できるようになるのではないでしょうか。これまでデジタルでは取りこぼされてきた情報をすくい上げることで、よりナチュラルに近づけていく。価値多層社会では、そんな技術、アプローチが必要なのかもしれません。

また、この世の中には人間の感覚では捉えられないような様々な情報があふれています。そういった情報をセンサーによって取得し、活用していくことで社会課題を解決したり、新たな世界が広がったりすることもあるはずです。

例えば現在急速に進化している生成ＡＩは、単純化すると言葉と言葉の相関関係を学習し、意味を持つ文章を新たに紡ぎ出しています。これをさらに進めれば、言葉だけでなく、様々な画像や数値などデータ同士の相関関係についても同様に学習できるようになるでしょう。すると、これまで私たちには解けなかったような課題が解けるようになるのかもしれません。

新型コロナウイルスはなぜ変異するのか。その答えは人間の言葉を分析しても分かりません。しかし過去のウイルスのデータを学習していけば、何かヒントが見つかる可能性もあります。同様に、様々な課題の解決方法は、生物や自然、地球、あるいは宇宙に存在しているのかもしれません。それを探すには、まずは広範なデータ収集が必要です。

世の中では今、生成ＡＩに夢中になっていますが、それらは人間の世界の中だけの真理や真実に対する答えを探っている段階です。しかし次の時代には、地球や宇宙など、人間を超えたところにまでデータ収集の対象を広げて答えを出していかなければならないでしょう。そうしなければパンデミックや気候変動といった自然界における問題などを解くことはできません。

これを実現しようと思うと、扱うデータ量は爆発してしまいます。なにしろ今は人間の言語を用いる生成ＡＩの計算処理だけでも膨大なエネルギー消費が大きな課題になっているのです。その対象を地球規模、宇宙規模に拡大しようとしたら、とてもエネルギーが足りません。

それを解決に導いていく手段は、やはり「光」です。電気から光に移行し、エネルギー効率を劇的に向上させなくては早晩限界が来るでしょう。ＩＯＷＮは、今後私たちが人間の限界を超えてイノベーションを進めていくための基盤になるのです。

ＩＯＷＮの正体とは

本書ではＩＯＷＮについて、その仕組みや開発の枠組み、近い将来の活用例など様々な角度から紹介してきました。

技術的に見れば、ＩＯＷＮは現在電気を用いている通信やコンピューティングを、光に置き換えていくものです。光は電気と比べて伝送容量が大きく、圧倒的にエネルギー効率に優れます。電気を光に変換する装置を徐々に小型化し、ネットワーク機器の中からコンピューターの中へ、さらにチップの中へと光を用いる領域を広げていくことで、通信やコンピューティングの性能を大幅に向上させながら、エネルギー消費を削減できます。

ＩＯＷＮが社会にもたらすインパクトに目を向けると、この技術基盤は非常に大きな可能性を秘めています。気候変動や少子高齢化をはじめとする数多くの社会課題の解決に向けて前進させるとともに、生物多様性の損失を食い止め、回復軌道に乗せる「ネイチャーポジティブ」の実現にも寄与する基盤となるでしょう。さらに多様な価値観の尊重や、人間の幸せの実現、生き方そのものをより良くしていくことにも貢献できるはずです。

ＩＯＷＮの正体とは何か。それは技術的に見れば、これまでの技術限界を大幅に押し広げる「限界打破のイノベーション」です。そして社会的な意義を考えれば、人と自然が共存する持続可能な地球を取り戻す「未来への希望の〝光〟」であると、私たちは信じています。

そんなＩＯＷＮを使ってどのような未来をつくっていくのか。それは、これからを生きる私たち全員にかかっています。

おわりに

今まで電気を使っていたネットワークやコンピューティングを、光に置き換えていく――。IOWNの基礎となった発想は、NTTが光通信の研究を始めた1960年代からあったと思います。しかしそのために必要になる、電気と光を相互に変換する「光電融合デバイス」の小型化が難しく、消費電力もなかなか減らせませんでした。

しかし2019年、ついにブレークスルーが訪れました。私たちが長年研究してきたフォトニック結晶と呼ばれる構造を用い、世界で初めて極めて低い消費電力で動作する光変調器（光信号を生成するデバイス）および光トランジスタを実現したのです。

この光電融合技術の革新により、すべて光を使うIOWN APN（オールフォトニクス・ネットワーク）サービスがまず実現し、さらに光を使ったコンピューティングへの道が開けました。技術の限界を超えたところにあった未来が、突然目の前に現れたのです。

私はＩＯＷＮを説明するとき、「限界打破のイノベーション」という言葉を好んで使います。これは単に計算速度や通信速度といった個別技術の限界を打破するという意味ではありません。「スマートフォンは毎日充電するのが当たり前」「ネットワークは遅延があって当たり前」など、今あるテクノロジーを前提とした自分たちの「発想の限界」をＩＯＷＮによって飛び越え、新たな未来を描けるはずだ。そんな思いを込めてＩＯＷＮを「限界打破のイノベーション」と表現しています。

私たちの社会は多くの課題に直面しており、中には気候変動のように「本当に解決できるのか」と頭を抱えたくなるような問題もあります。一方で私たちは、予想だにしなかった革新的なアイデアや技術を得て、一気に問題解決に向けて前進することもあります。私たちにとって19年の光電融合技術の実現は、まさにそんな革新の１つでした。

本書は、主にはじめにと序章をNTT社長の島田明が、第1章以降を私、川添雄彦（NTT副社長）が担当しました。執筆に当たっては、NTTの研究企画部門、NTTイノベーションデバイスなどの協力を得ています。

そして第3章のキーパーソンコラムでは、本書の内容にご理解とご賛同をいただき、台湾の中華電信社長の林榮賜氏と、フランスのオレンジイノベーション副社長のジル・ボードン氏にご登場いただくことができました。お二人には大変お忙しい中ご協力をいただき、心より感謝申し上げます。また第1章における事例掲載では、AKKODiSコンサルティングIOWN推進室長兼シニアキーアカウントマネージャーの森本直彦氏にも多大なるご支援をいただき、誠に感謝に堪えません。

本書は、IOWNをベースに地球のサステナビリティ実現に貢献していくというNTTの強い意志をお伝えし、IOWNとはいったい何なのか、どのような世界を切り開こうとしているのかを紹介することで、できるだけ多くの方々にIOWN構想についてご理解、ご賛同いただくことを願ってまとめたものです。

革新的な光電融合技術の実現により、ＩＯＷＮ構想は産声を上げました。ＩＯＷＮはまだまだ生まれたばかりの赤ん坊で、大きく育てていくためには、たくさんの仲間が必要です。この本をきっかけに、ＩＯＷＮについて知り、この技術をどう使えばより良い社会になるのか、そんな視点を持っていただけたら、著者としてこんなに幸せなことはありません。

ＮＴＴ副社長　川添　雄彦

第3章

1. 「IOWN Global Forumの最新動向」, NTT技術ジャーナル, 2023年12月：https://journal.ntt.co.jp/article/24187

第4章

1. “Move Aside, Crypto. AI Could Be The Next Climate Disaster.”, GIZMODO, 2023年4月3日：https://gizmodo.com/chatgpt-ai-openai-carbon-emissions-stanford-report-1850288635
2. “AI Research Rankings 2022: Sputnik Moment for China?”, Medium, 2022年5月20日：https://thundermark.medium.com/ai-research-rankings-2022-sputnik-moment-for-china-64b693386a4
3. “More Agents Is All You Need”, arXiv, 2024年2月3日：https://arxiv.org/html/2402.05120v1
4. “Extracting Concepts from GPT-4”, OpenAI, 2024年6月6日：https://openai.com/index/extracting-concepts-from-gpt-4/
5. 「NTTとSakana AI、サステナブルな生成AI社会に向けたAIコンステレーション研究で連携～小さく賢い多様なLLMの集合により複雑な社会課題の解決をめざす～」, NTT, Sakana AI, 2023年11月13日：https://group.ntt/jp/newsrelease/2023/11/13/231113b.html
6. 「IOWN APNによる建設機械の遠隔操作・現場環境の把握により建設作業の作業環境と安全性の向上を実証」, NTT, 2023年11月9日：https://group.ntt/jp/newsrelease/2023/11/09/231109b.html
7. 「遠隔手術を支えるロボット操作・同一環境共有をIOWN APNで実証開始～100km以上離れた拠点間を同一手術室のようにする環境を実現～」, NTT, メディカロイド, 2022年11月15日：https://group.ntt/jp/newsrelease/2022/11/15/221115a.html
8. 「世界初、NTTとオリンパスによるクラウド内視鏡システムに関する共同実証実験を開始～IOWN APN技術の高速低遅延を活かし内視鏡システムのクラウド化を実現～」, NTT, オリンパス, 2024年3月27日：https://group.ntt/jp/newsrelease/2024/03/27/240327b.html
9. 「『明治安田リーグワールドチャレンジ2023 powered by docomo』においてAPN IOWN1.0を活用しリアルタイム性が求められる『リモートプロダクション』と『8KVR複数同時映像伝送』の実証を実施」, 公益社団法人日本プロサッカーリーグ, NTT, 2023年7月24日：https://group.ntt/jp/newsrelease/2023/07/24/230724b.html

10. 「既存WANサービスとの性能比較」, NTT東日本：https://business.ntt-east.co.jp/content/iown/comparison/
11. 「日本初！ APN IOWN1.0を活用したeスポーツイベントの実演『Open New Gate for esports 2023～IOWNが創るeスポーツのミライ～』」, NTTe-Sports, 2023年3月2日：https://www.ntte-sports.co.jp/media/2023/03/02/106
12. 「世界初、東急不動産とNTTグループ　広域渋谷圏まちづくりへのIOWN先行導入～「職・住・遊」を融合した環境先進都市の具現化～」, 東急不動産, NTT, NTT ドコモ, 2023年6月7日：https://group.ntt/jp/newsrelease/2023/06/07/230607a.html
13. 「宇宙ビジネス分野における事業戦略について」, NTT, 2024年6月3日：https://group.ntt/jp/newsrelease/2024/06/03/240603a.html

執筆協力者一覧

木下 真吾 KINOSHITA SHINGO
NTT 執行役員 研究開発マーケティング本部 研究企画部門長

荒金 陽助 ARAGANE YOSUKE
NTT 研究開発マーケティング本部 研究企画部門 IOWN 推進室 室長

塚野 英博 TSUKANO HIDEHIRO
NTT イノベーティブデバイス 代表取締役社長

富澤 将人 TOMIZAWA MASAHITO
NTT イノベーティブデバイス 代表取締役副社長

制作協力者

渡邊 貴則 WATANABE TAKANORI
神山 朋実 KOUYAMA TOMOMI
NTT 広報部門

著者紹介

島田 明 SHIMADA AKIRA

NTT代表取締役社長。1981年一橋大学商学部を卒業後、日本電信電話公社入社。96年NTTヨーロッパ副社長として、NTTで初めてとなる国際通信ネットワークサービスの構築・営業に携わる。2007年NTT西日本財務部長、11年NTT東日本取締役総務人事部長、15年NTT常務取締役、18年代表取締役副社長を経て、22年6月から現職。23年5月にはIOWNを中核とした新中期経営戦略を掲げ、新たな価値創造と地球のサステナビリティの実現を推進している。

川添 雄彦 KAWAZOE KATSUHIKO

NTT代表取締役副社長。博士（情報学：京都大学)。1987年早稲田大学大学院を修了後、NTT入社。2014年同サービスエボリューション研究所長、16年同サービスイノベーション総合研究所長、20年常務執行役員 研究企画部門長を経て、22年6月から現職。20年からIOWN Global ForumのPresident and Chairpersonを務め、グローバルでのIOWNの普及・展開をけん引している。

IOWNの正体

NTT 限界打破のイノベーション

2024年11月18日　第1版第1刷発行

著者　島田明　川添雄彦
発行者　松井健
発行　株式会社日経BP
発売　株式会社日経BPマーケティング
〒105-8308 東京都港区虎ノ門4-3-12
ブックデザイン　小口翔平＋後藤司（tobufune）
制作・DTP　松川直也（株式会社日経BPコンサルティング）
編集　渡辺博則
編集協力　出雲井亨
カバー写真　稲垣純也
印刷・製本　TOPPANクロレ株式会社

本書籍に関するお問い合わせ、ご連絡は下記にて承ります。
https://nkbp.jp/booksQA

ISBN 978-4-296-20639-1
Printed in Japan